Annja Weinberger
Corporate Identity
Großer Auftritt für kleine Unternehmen

Annja Weinberger

Corporate Identity

Großer Auftritt für kleine Unternehmen

Mit der VIVA-Formel zum Erfolg
Vision – Identität – Verhalten – Außendarstellung

stiebner

Bibliografische Information der Deutschen Nationalbibliothek
Die Deutsche Nationalbibliothek verzeichnet diese Publikation in der Deutschen Nationalbibliografie; detaillierte bibliografische Daten sind im Internet über http://dnb.d-nb.de abrufbar.

DTP-Produktion und Layout: Verlagsservice Peter Schneider /
EDV-Fotosatz Huber, Germering – in Anlehnung an ein Layout von Antje Hein

Printed in Germany

ISBN 978-3-8307-1378-4
www.stiebner.com

Inhalt

V Corporate Communications 107

Vorwort

Als mir vorgeschlagen wurde, ein Buch über Corporate Identity (CI) für kleine Unternehmen zu schreiben, war mein erster Gedanke:
Was haben kleine Unternehmen mit Corporate Identity am Hut?

Wohlgemerkt, mit dem recht umfassenden und ganzheitlichen Ansatz Corporate Identity, nicht nur mit Corporate Design. Ich führe selber ein kleines Unternehmen und weiß, wie schwierig es ist, mit all den verschiedenen Rollen einer Inhaberin zu jonglieren. Hilft mir da ein Ansatz, der sich traditionell eher als Management-Instrument großer Konzerne bewährt hat? Dort gibt es immerhin eine Marketing- und Kommunikationsabteilung mit Mitarbeitern, die Zeit haben, sich damit zu beschäftigen. Und weiter: Kann ein so komplexes Instrument wie CI auf die Bedürfnisse kleiner Unternehmen heruntergebrochen werden?

In den rund 20 Jahren als Kommunikationsberaterin, in denen ich mit Konzernen ebenso wie mit Solo- und Kleinunternehmen gearbeitet habe, konnte ich die Grundideen des Corporate-Identity-Ansatzes immer wieder gewinnbringend einsetzen – für große wie kleine Firmen. Wenn ich mich auch nicht immer der Terminologie bedient habe – und meine Kunden auch nicht. Die Idee Corporate Identity ist für mich das Fundament jeder internen und externen Kommunikation. Egal, ob es um einen 1-seitigen Marketing-Text oder einen CI-Workshop geht.

Meine Antwort fällt daher eindeutig positiv aus:
Der Ansatz Corporate Identity bietet so viele wertvolle Einsichten und Hilfen bei der Unternehmensführung, dass auch kleinen Unternehmen und Organisationen eine Auseinandersetzung damit dringend zu empfehlen ist. Das müsste nicht unbedingt mithilfe der Corporate-Identity-Begriffe geschehen. Aber sie sind inzwischen eingeführt und von vielen Autoren so gut durchdacht, dass es sich anbietet, die Corporate-Identity-Begriffe und -Kategorien auch für kleine Unternehmen anzuwenden.

In diesem Buch versuche ich zweierlei: Zum einen möchte ich die große Idee Corporate Identity und die Nützlichkeit dieses Ansatzes kleinen Unternehmen zugänglich machen. Zum anderen stelle ich diejenigen Instrumente der CI näher vor, die mir für kleine Unternehmen und auch für kleinere Organisationen besonders nützlich erscheinen.

Seit einiger Zeit widme ich mich in meiner Arbeit fast nur noch Selbstständigen, kleinen Unternehmen und Organisationen. In kleinen Unternehmen steckt großartiges Potenzial. Viele der Hunderttausenden von Kleinunternehmen in Deutschland treten an mit dem Anspruch, etwas Einzigartiges in die Welt zu bringen. Sie versuchen, oft mit einem sehr persönlichen Stil, den Umgang mit Kunden, Mitarbeitern, Lieferanten und vielen anderen Menschen so angenehm und nutzbringend wie möglich zu gestalten. Gründer kleiner Unternehmen beweisen Mut und Energie, bringen Neues in die Welt.

Deshalb möchte ich kleine Unternehmen unterstützen, sich zu entwickeln, zu florieren, zu wachsen in jeder Hinsicht – auf keinen Fall zu stagnieren, sondern lebendig zu bleiben. Ich wünsche mir, dass viele kleine Unternehmen ihre Größe erkennen und leben. Das fängt mit der Wertschätzung des eigenen Tuns an. Inhaber kleiner Unternehmen, die es sich wert sind, sich mit Corporate Identity zu beschäftigen, werten ihr gesamtes Unternehmen auf.

Den bewährten Corporate-Identity-Ansatz habe ich ergänzt um eine Formel, mit der die Grundideen der CI für kleine Unternehmen griffiger und handhabbarer zu nutzen sind:

Die „VIVA-Formel" bündelt die zentralen Aspekte des Corporate-Identity-Managements und erlaubt es auch den viel beschäftigten Inhabern kleiner Unternehmen, den ganzheitlichen Kerngedanken der Corporate Identity im Blick zu behalten. Denn es geht um die widerspruchsfreie Verbindung von Vision, Identität, Verhalten und Auftritt.

In diesem Sinne: VIVA – es leben kleine Unternehmen!

Annja Weinberger

Danke schön!
Corporate Identity ist ein komplexer Ansatz. Know-how aus vielen Disziplinen greift ineinander. Dementsprechend waren an diesem Buch viele Menschen beteiligt. Mein herzlicher Dank geht an die Gastautoren, die ihr Expertenwissen zur Verfügung gestellt haben. An die Interview-Partner, die Fragen zu ihrer Unternehmensidentität beantwortet haben. An die Unternehmen, die Abbildungen ihres Corporate Designs / ihrer Corporate Communications geliefert haben. An die Unternehmer/-innen, die sich für kleine Unternehmen starkmachen und im Adressverzeichnis dieses Buches aufgeführt sind. Und nicht zuletzt an die beteiligten Grafik Designer.

1 Wie profitieren kleine Unternehmen von bewusst gesteuerter Corporate Identity?

Was wäre, wenn es ein System gäbe, mit dessen Hilfe Sie Ihr Unternehmen oder Ihre Organisation so steuern können, dass Sie mit kontinuierlichen Erfolgen rechnen können?

Solch ein System gibt es. Es nennt sich Corporate-Identity-Management (CIM), ist nicht neu, wird aber viel zu selten genutzt. Richtig angewandt, kann es wahre Wunder vollbringen.

Mit einem stimmigen Corporate-Identity-Management können Sie:

- begeistert sein vom eigenen Unternehmen
- andere begeistern von Ihrem Unternehmen
- sich und Ihr Angebot bekannter machen
- neue Kunden gewinnen
- bestehende Kunden an sich binden
- Ihre Mitarbeiter motivieren, mit Ihnen an einem Strang zu ziehen
- ein nachhaltig gutes Image aufbauen
- sich ehrgeizige Unternehmensziele setzen und diese erreichen

Was ist und was kann Corporate Identity?

Corporate Identity steht für die einzigartige Identität Ihres Unternehmens – für den Gesamteindruck, den Sie allein bzw. mit Ihren Mitarbeitern hinterlassen wollen. Ihr Angebot, Ihr Verhalten, Ihr äußeres Erscheinungsbild, Ihre Kommunikation intern und mit der Öffentlichkeit sind Facetten, die sich zu einem einzigen Bild zusammenfügen.

„Corporate" steht für „gesamt, vereint, Zusammenschluss".

„Identity" steht für „Identität, Persönlichkeit, Selbstverständnis".

Es geht also um die Persönlichkeit eines Unternehmens mit all seinen Facetten. Corporate Identity wird aber in der Literatur, die es zu diesem Thema reichlich gibt, nicht nur als Unternehmensidentität definiert, sondern auch als Vorgang. Das kann dann so klingen:

„Corporate Identity ist der abgestimmte Einsatz von Verhalten, Kommunikation und Erscheinungsbild nach innen und außen auf der Basis eines sich da-

Praxis-Tipp — Wie mir persönlich Corporate Identity hilft

Als Inhaberin eines kleinen Unternehmens – das bin in erster Linie ich selbst sowie einige freie Mitarbeiter und Kooperationspartner – gefällt mir an der Idee Corporate Identity, dass sie sogar mir als Solo-Selbstständiger hilft. Für mich am wichtigsten:

Ich werde daran erinnert, dass ich mir meiner Identität bewusst sein muss. Ich muss für mich selbst klären: „Wofür stehe ich mit meinem Unternehmen?" und „Was ist mein Versprechen?" – mein Versprechen an Kunden, Mitarbeiter, Kooperationspartner, Lieferanten und andere Gruppen, mit denen ich geschäftlich zu tun habe.

Erst wenn ich mir darüber im Klaren bin, habe ich ein Fundament für mein Unternehmen geschaffen, auf dem ich sicher aufbauen kann. Erst dann sollte ich mich um meine Außendarstellung kümmern. Und hier bringt Corporate Identity das große Bild ins Spiel. Meine Wirkung auf andere entsteht nicht durch mein Logo oder meine Presseinformationen oder meine Vorträge. Was andere über mein Unternehmen denken, entsteht aufgrund der Summe der vielen einzelnen Botschaften, die ich ständig aussende. Corporate Identity hilft mir, all diese Botschaften unter Kontrolle zu halten: visuelle, mündliche, schriftliche, nichtverbale und auch die Botschaften, die durch mein Verhalten vermittelt werden. So kann ich ein Image aufbauen, das mir entspricht.

Identität ⟷ Image

Selbstwahrnehmung ⟷ Botschaften ⟷ Fremdwahrnehmung

↕ ↕ ↕

CD CB CC

Corporate Design, **Corporate Behaviour** und **Corporate Communications** sind die Instrumente, mit denen Identität nach außen vermittelt wird, um das gewünschte Image zu entwickeln.

Wie andere mein Unternehmen wahrnehmen, ist mir sehr wichtig. Denn: Ich will richtig verstanden werden. Also geht es darum, Botschaften auszusenden, die meiner Identität entsprechen.

Mit **Corporate Design** kann ich meine Werte mithilfe von Farben, Formen, Schriften und Bildern deutlich machen.

Mit **Corporate Behaviour** kann ich durch mein Verhalten zeigen, wofür mein Unternehmen verlässlich steht.
Mit **Corporate Communications** kann ich mithilfe von Worten und Aktionen ausdrücken, was mein Unternehmen ausmacht.

Mit dem bewussten Steuern von Corporate Identity will ich sicherstellen, dass ich nicht missverstanden werde.

Eine immer währende Aufgabe. Denn ich weiß, dass meine Kunden und somit auch mein Unternehmen ständig im Wandel sind. Und ich weiß auch, dass es in der Kommunikation leicht zu Missverständnissen kommen kann.

Aus meiner Sicht ist Identität nichts Starres, nichts Statisches. Bestimmte Kernwerte ändern sich nicht, aber meine Ausrichtung ist im Wandel. Mein Versprechen an Kunden zum Beispiel kann sich verändern. Je nachdem, für welche Zielgruppen, mit welchen Themen oder auch in welchen Formaten ich meine Leistungen anbiete. Mit dem Management von Corporate Identity kann ich für Verlässlichkeit im Wandel sorgen.

durch mit Leben füllenden Unternehmensleitbildes mit dem Ziel einer nachhaltigen Unternehmensentwicklung."

So definieren Waldemar Kiessling und Florian Babel den Begriff in ihrem Buch „Corporate Identity: Strategie nachhaltiger Unternehmensführung". Interessant ist, dass hier das Leitbild, also Werte und Visionen, besonders betont wird. Und das ist gut so. Denn Wertvorstellungen – ob sie einem bewusst sind oder nicht – bestimmen alles Weitere.

Unsere Werte bestimmen, wie wir uns Interessenten und Kunden gegenüber verhalten. Sie bestimmen, wie wir uns visuell sowie schriftlich und mündlich darstellen. Wie kleiden wir uns? Wie sieht es im Büro aus? Wie ist der Umgang mit Mitarbeitern? Werte sind in all unserem Tun erkennbar. Nach innen – festen und freien Mitarbeitern gegenüber. Nach außen – allen anderen Bezugsgruppen gegenüber. Ich benutze das Wort Bezugsgruppen, weil es ein guter Überbegriff für alle Menschen und Organisationen ist, mit denen ein Unternehmen Berührungspunkte hat. Er ist breiter angelegt als das Wort Zielgruppen.

Eine andere Definition stammt aus dem Standardwerk über Corporate Identity des Autorenteams Birkigt, Stadler und Funck, die Corporate Identity als „die strategisch geplante und operativ eingesetzte Selbstdarstellung und Verhaltensweise einer Organisation nach innen und außen" bezeichnen.

Corporate Identity ist ein Management-Instrument, mit dem Unternehmen und Organisationen jeder Größe eine auf lange Sicht angelegte Entwicklung steuern können. Ein Unternehmen ist immer in Veränderung – von der Gründung über die ersten Jahre bis zum langjährig tätigen Unternehmen und schließlich bis zum Ausstieg des Gründers. Letzteres erfolgt hoffentlich durch gewinnbringenden Verkauf, nicht durch Insolvenz. Jede Phase stellt andere Herausforderungen an den Inhaber. In allen Phasen hilft es, sich der Unternehmensidentität bewusst zu sein und sie durch alle Aufs und Abs des Wirtschaftslebens zu führen.

Corporate Identity hilft Ihnen außerdem, im Wettbewerb mit all den anderen Unternehmen auf dem Markt Ihre Einzigartigkeit herauszustellen.

Wollen Sie unverwechselbar sein?

Die meisten Unternehmer/-innen wollen unverwechselbar sein. Warum? Weil sie gesehen, erkannt und eben nicht mit einem Wettbewerber verwechselt werden wollen. Nur dann können die Kunden, die am besten zu ihnen passen, und auch die besten Mitarbeiter und besten Geschäftspartner den Weg zu ihnen finden. Wie werden Sie nun unverwechselbar? Ihr gesamtes Unternehmen muss Persönlichkeit ausstrahlen. Über ihre Leistungen allein können sich kleine Unternehmen meist nicht genug profilieren. Vor allem, wenn sie keine spezialisierten Angebote für einen eng begrenzten Zielmarkt machen. Sie wissen sicher, dass große Unternehmen sehr viel Zeit und Geld in ihr Marketing stecken müssen, bis sie Produkte oder Services zu einer Marke mit eigener Identität entwickelt haben. Neue Produkte und Dienstleistungen werden in immer kürzeren Abständen auf den Markt geworfen. Die Fragen „Wer steht dahinter?" und „Wie vertrauenswürdig ist der Anbieter?" werden immer wichtiger.

Hier können Sie als kleines Unternehmen punkten. Sie können mit wesentlich geringerem Einsatz eine unverwechselbare Identität aufbauen! Selbstverständlich werden Sie in der Regel nicht so bekannt werden wie ein Markenprodukt. Es

Exkurs **„Was ist meine Bestimmung?"**

Die Frage „Was ist meine Lebensmission?" ist für manche Menschen von alles entscheidender Bedeutung – sie suchen nach ihrer Bestimmung. Der Beruf soll mehr sein als eine Geldquelle – der Beruf soll der Berufung entsprechen. Eine Reihe von Büchern auf dem amerikanischen Markt und auch einige deutsche Publikationen widmen sich dieser tief gehenden Frage. In „True Purpose" erklärt der Amerikaner Timothy Kelley, wie befreit und kraftvoll sich ein Mensch fühlt, der seine „wahre Bestimmung" gefunden hat.

Das geht über eine klare Positionierung, die jedes Unternehmen braucht, deutlich hinaus und hat viel mit der Vision und Leitidee eines Unternehmens zu tun. Ob Sie es Berufung, Bestimmung, Vision oder Leitidee nennen wollen, halte ich nicht für entscheidend. Wichtig scheint mir, dass sich Inhaber kleiner Unternehmen klarmachen müssen, was sie wirklich motiviert. Denn aus einem Geist der Inspiration, der Verbundenheit mit seinen höchsten Zielen lässt sich hervorragend eine starke Unternehmensidentität aufbauen.

Hier eine Übung zum Thema Berufung. Herzlichen Dank an Coach Walter Bruck, der die folgende Übung entwickelt hat:

„Wir alle kennen die Kraft der Berufung, der eigenen Bestimmung. Dabei ist dies heute weniger ein spezieller Berufsstand als vielmehr die Möglichkeit, sich selbst, seine Fähigkeiten und Qualitäten voll und ganz einzubringen. Das erfüllt uns Menschen. Die lebendige Unternehmensidentität (siehe Interview mit Walter Bruck auf den nächsten Seiten) ist eng verbunden mit der Berufung des Unternehmens. Daher ist es auch eine Voraussetzung, dass jeder, der mit ihr in Kontakt ist, mit seiner eigenen Berufung in Kontakt ist. Dies ist für jeden einzelnen Mitarbeiter ein wichtiger Schritt. Wenn er sich mit Herz und Freude einbringt, dann findet alles seinen Weg. Probieren Sie einmal folgende Übung aus:

Setzen Sie sich entspannt hin und sorgen Sie dafür, dass Sie ungestört sind. Jetzt verbinden Sie sich innerlich mit Ihrer Berufung, ohne ein konkretes Bild davon haben zu wollen. Spüren Sie einfach nur, wie es sich anfühlt, wenn Sie mit Ihrer Berufung verbunden sind. Wo in Ihrem Körper spüren Sie es am stärksten? Wo ist das Zentrum? Wie fühlt es sich an?

Erlauben Sie, dass das Gefühl sich in seinem eigenen Tempo verstärkt, Sie müssen dafür nichts tun oder wollen, sondern nur erlauben, dass es geschieht. Und jetzt erlauben Sie, dass es sich langsam im ganzen Körper ausbreitet. Widerstände nehmen Sie einfach nur wahr und erlauben auch diese. Gleichzeitig halten Sie Ihren Fokus auf der Ausdehnung dieses Gefühls.

Machen Sie diese Übung zum Beispiel jeden Tag, bevor Sie zur Arbeit gehen, und beobachten Sie, wie sich Ihr Tag entwickelt. Holen Sie sich zwischendurch bei wichtigen Entscheidungen dieses Gefühl wieder und prüfen Sie, welche Entscheidung dieses Gefühl stärkt oder schwächt. Experimentieren Sie."

sei denn, Sie haben sich wie Victoria Beckham vorgenommen, so bekannt zu werden wie Persil – und verfolgen konsequent eine dafür geeignete Strategie. Die meisten kleinen Unternehmen haben keinen allgemein hohen Bekanntheitsgrad. Aber das ist nicht entscheidend. Wichtig ist, dass Ihre Bezugsgruppen wissen, mit wem sie es zu tun haben. Allen voran Ihre potenziellen Kunden.

Worauf kommt es beim Aufbau einer unverwechselbaren Identität an? Das hat unter anderem mit Ihrem Angebot zu tun. Vielleicht gehören Sie zu den Herstellern spezifischer Nischenprodukte beziehungsweise bieten Dienstleistungen, die kaum ein Wettbewerber im Programm hat. Dann werden Ihre Angebote eine zentrale Rolle in Ihrem Corporate-Identity-Management spielen. Vielleicht hält aber das Attribut „einzigartig" für Ihre Leistungen einer strengen Prüfung nicht stand. Dann stehen andere Faktoren im Vordergrund – Ihre Arbeitsweise zum Beispiel, Ihr Umgang mit Beschwerden, die Kompetenzen Ihrer Mitarbeiter, Zusatznutzen usw. Vor allem Dienstleister werden durch ihren speziellen Mix an „Soft Skills" unverwechselbar.

Eine unverwechselbare Unternehmensidentität hilft Ihnen nicht nur, sich vom Wettbewerb abzugrenzen. Es tut auch persönlich gut, zu wissen, wofür man steht und wofür nicht. Was können Sie? Was ist Ihnen wichtig? Was haben Sie zu geben? Dieses Wissen macht selbstbewusst und genau das strahlen Sie dann aus. Mitarbeiter, Kunden, Interessenten, Partner spüren, ob sie es mit einer starken Unternehmenspersönlichkeit zu tun haben, die sich ihrer Werte und Ziele bewusst ist.

Interview mit Walter Bruck, Inhaber von „Walter Bruck – Unternehmen innovativ entwickeln"

Walter Bruck unterstützt Unternehmen und Individuen an den Wendepunkten ihrer Entwicklung. Er sagt: „Die lebendige Identität eines Unternehmens ist das Salz in der Suppe, sie prägt seine Gestalt und Kraft im Markt." Walter Bruck ist einer der Autoren des Buches „Wirkungsvolle Tagungen und Großgruppen" und im Internet unter www.walterbruck.com zu erreichen. Mit seinen Klienten arbeitet er innovativ an der lebendigen Identität eines Unternehmens, damit sie im Markt ihre Wirkung voll entfalten kann. Dabei coacht er die Geschäftsleitung beim Meistern ihrer Herausforderungen und führt Gruppen-Workshops durch.

Herr Bruck, was verstehen Sie unter der lebendigen Identität eines Unternehmens und warum ist es so wichtig, sich damit zu beschäftigen?
Die lebendige Identität eines Unternehmens ist, wie der Name bereits andeutet, jener Teil eines Unternehmens, der es lebendig und einzigartig macht. Sie ist die unsichtbare DNA eines Unternehmens, die alle Mitarbeiter verbindet. Die lebendige Identität stellt eine Art Kern dar, um den herum sich Mitarbeiter, Kunden

und Partner orientieren. Sie ist das unsichtbare Kontinuum, um das herum alles schwingt, sich alles bewegt und ausrichtet.

Die lebendige Identität können wir auch als ein kollektives Bewusstes und Unbewusstes eines Unternehmens verstehen oder wir können sagen, es ist der Geist und die Seele, die dem Unternehmen innewohnen. Wenn wir ein Unternehmen als einen komplexen Organismus begreifen, dann liegt es nahe, die lebendige Unternehmensidentität als ein eigenständiges Wesen zu begreifen, mit dem wir kommunizieren und interagieren können. Das alles sind Bilder, die dazu dienen, das nicht Greifbare zu fassen, und dennoch sind die Bilder nur ein Mittel der Kommunikation.

Wenn der Kontakt der Mitarbeiter zu dieser lebendigen Identität größtenteils verloren geht, dann kommt es zu einem hohen Wertverlust des Unternehmens und infolgedessen meist zu Krisen. Diese bergen die Chance in sich, wieder zu dieser Identität zurückzufinden, denn das ist der letztendliche Sinn dieser Krisen. Zum Beispiel: Wenn bei kleinen Unternehmen der Inhaber das Unternehmen verkauft oder es verlässt, dann kommt es zu so einer Krise. Oft geht dann die lebendige Identität mit und das Unternehmen stirbt in seiner alten Form. Es ist eine große Herausforderung, eine solche Nachfolge gut zu meistern.

Was prägt aus Ihrer Sicht diese lebendige Identität eines Unternehmens?
Prägend für die lebendige Unternehmensidentität sind insbesondere die Gründer und ihre Ursprungsidee. Das ist wie der Samen eines Unternehmens, der gepflanzt wird. In diesem Samen ist bereits angelegt, ob es eine Eiche, eine Fichte oder z. B. ein Haselnussstrauch wird. Jeder für sich kann sich zu einem prächtigen Baum oder Busch entwickeln, aber aus einer Eiche wird nie eine Fichte und umgekehrt. Prägende Ereignisse in der Historie eines Unternehmens haben einen wesentlichen Einfluss auf die Entwicklung. Dies sind Erfolge, Misserfolge, Skandale, Wohltaten, Krisen und andere besondere Ereignisse. Im Laufe einer Entwicklung ist es ganz normal, dass es zu solchen Ereignissen kommt. Wesentlich ist, wie diese verarbeitet oder sogar gemeistert werden. So kann auch ein knorriger Baum uns alle entzücken, indem er seinen Charakter zeigt.

Außerdem beeinflussen prägende Persönlichkeiten im Unternehmen, die Kunden, die Lieferanten und andere Partner die lebendige Identität.

Jeder, der Macht über Teile des Unternehmens hat, prägt es und hat Einfluss. In dem Sinne sind es vor allem die Eigentümer, da in ihrem Sinne agiert wird oder werden soll und sie die letztendlichen Entscheidungen treffen. Jede Handlung wird durch die Güte der Verbindung zur lebendigen Identität geprägt und jede Handlung selbst prägt wiederum die lebendige Identität eines Unternehmens.

Für ein Unternehmen ist es sehr wichtig, dass es insgesamt genügend Menschen gibt, die einen guten Kontakt zur lebendigen Unternehmensidentität besitzen. Dieser Kontakt ist Garant für eine gute und effektive Unternehmensentwicklung. Denn wer immer mit der lebendigen Identität eines Unternehmens in Verbindung steht, der ist mit dem Ganzen verbunden. Er oder sie spricht für das Ganze und hat damit Kraft. Auch Kraft für unangenehme, aber notwendige Entscheidungen, die das Fortbestehen des ganzen Unternehmens sichern.

Wer verbunden ist mit der lebendigen Unternehmensidentität, der spürt intuitiv, was „gut" für das Unternehmen ist, und seine Taten erhalten Rückenwind und er ist beseelt von dem Unternehmen und er beseelt das Unternehmen und sein Umfeld. Begeisterung wird spürbar, die ansteckt und die nachhaltig wirkt. Die Kunden empfinden das in Form von Authentizität, sie lassen sich gerne berühren davon und zahlen sogar gerne für Leistungen, die vielleicht nicht mehr auf dem Stand der heutigen Zeit sind. Die Menschen jedoch erhalten etwas, was sie erfüllt, und das Schöne ist: Erfüllung ist ansteckend. Die Verbundenheit bewirkt, dass jeder weiß, was „richtig ist", egal ob im Marketing, in der Forschung und Entwicklung, im Controlling oder im Vertrieb. Alle einzelnen Zellen eines Organismus haben dynamisch aufeinander abgestimmte Prozesse und Aufgaben in einem komplexen System, das sich selbst reguliert und auch in Maßen den Ausfall bestimmter Teile verkraften kann. Ein System, das auf Hochtouren läuft, wenn alle ihre Aufgaben „richtig" erfüllen.

Ein Unternehmen, das seine lebendige Identität jederzeit voll auslebt, ist so einzigartig, dass es seinen eigenen Markt hat. Einen Markt, der eine Sogwirkung besitzt, in dem es keine Wettbewerber gibt, denn Einzigartigkeit ist nicht kopierbar.

Wo setzen Sie an, um herauszufinden, was für ein Unternehmen gerade wichtig ist?

Der wichtigste Ansatzpunkt ist, die Verbindung zu der lebendigen Identität des Unternehmens aufzubauen, dort finden wir Antworten auf die Fragen rund um die aktuelle Situation und darauf, was wichtig ist. Am besten ist es, wenn es mir im ersten Schritt gelingt, die Geschäftsführung damit in Kontakt zu bringen, dann können wir die Weichen stellen, damit alle Mitarbeiter und auch die Kunden mit der lebendigen Unternehmensidentität in Kontakt kommen.

Am leichtesten gelingt das, wenn ich selbst eine innere Verbindung mit der lebendigen Unternehmensidentität aufbaue. Dies kann auf sehr unterschiedliche Arten erfolgen. Es ist ein intuitiver Prozess des Sicheinlassens. Auf Tuchfühlung mit der lebendigen Unternehmensidentität können wir zum Beispiel auf folgende Weise gehen:

- Gespräche und Workshops mit Mitarbeitern und Kunden
- durch das Unternehmen gehen und spüren, was hier lebt

- intuitive Kontaktaufnahme, z. B. mithilfe von Internetseite, Logo und Fotos
- die Einzigartigkeit eines Unternehmens herauskristallisieren und ausdrückbar machen in Form von Worten oder Bildern

Lässt sich das kollektive Unbewusste, das Inhaber, Mitarbeiter und Kunden eines Unternehmens miteinander verbindet, überhaupt „steuern", positiv beeinflussen?

Im klassischen Sinne können wir komplexe Systeme wie ein Unternehmen, eine Familie oder einen Menschen nicht steuern oder beherrschen, weil es unendlich viele Wechselwirkungen gibt. Zum Beispiel kann der Flügelschlag einer Fliege in Frankfurt einen Wirbelsturm in New York auslösen. Das ist wissenschaftlich bewiesen, zeigt, in welchen komplexen Systemen wir leben, und gibt uns eine Idee von Wirkungen in nichtlinearen Zusammenhängen.

In diesem Sinne haben wir keine vollständige Kontrolle über das System Unternehmen oder über einzelne Teile innerhalb des Systems. Denn jeder hat immer die freie Wahl einer Entscheidung. Aber wir können Dinge wahrscheinlicher machen und achtsam sein in der Führung eines Unternehmens. Wir versuchen jenen Impuls zu setzen, der sich aus ganzheitlicher Perspektive „richtig" anfühlt oder der nach eingehender Prüfung als „gut" zu bezeichnen ist. Ersteres findet statt, wenn es wenig Zeit für Reifung und Entscheidung gibt, letzterer, wenn es dafür ausreichend Zeit gibt. Nach dem Setzen des Impulses reagiert das System und wir schauen neu, was jetzt wieder ein „guter" Schritt sein kann. Überraschungen in jede Richtung sind jederzeit möglich. Das ist das, was wir im Moment in der Wirtschaft erleben. Die Illusion, wir könnten diese komplexen Systeme beherrschen, ist weggefallen und wir beginnen uns an diesen Gedanken zu gewöhnen.

Generell aber gilt, dass, wenn wir uns der lebendigen Identität eines Unternehmens mit Hingabe, Achtung und Respekt öffnen sowie mit Wertschätzung, Klarheit und Freude den Mitarbeitern und Kunden gegenüber agieren, wir angenehme Überraschungen erleben werden. Die Servicewüste Deutschland gehört dann der Vergangenheit an.

Mit welchen Resultaten können Ihre Klienten rechnen?

Es entstehen überraschende Wendungen. Ein Unternehmen drohte in der Wirtschaftskrise an die Wand zu fahren, nach Aktivierung der ursprünglichen Gründungsenergie konnte die lebendige Unternehmensidentität wieder wirken. Nach einer Woche kam der Abwärtstrend zum Stillstand, danach ging es stetig bergauf. Es entsteht Klarheit über die aktuelle Situation und darüber, was dafür wichtig ist. Diese Einsichten entstehen dann in der gemeinsamen Arbeit, zum Beispiel, wie wichtig es jetzt für das Unternehmen ist, ein klares, kraftvolles

Leitbild zu entwickeln. Ein Geschäftsführer sagte, durch den Kontakt mit der lebendigen Unternehmensidentität erhalte er Einsichten, die sofort verinnerlicht werden und nicht durch das Lesen von 200 Managementbüchern so tiefgreifend entstehen können.

Für die Mitarbeiter und die Geschäftsführung wird vieles leichter, es ist wie das Surfen auf einer Welle. Das erfordert eine hohe Konzentration und Achtsamkeit, die Kraft aber kommt von der Welle und daher kann es viel Freude machen und relativ leicht von der Hand gehen.

In Krisenzeiten hilft es, in Verbindung mit dieser lebendigen Identität zu sein, da sie innere Kraft und Halt gibt in Zeiten der Unsicherheit. „Wenn ich in dieser schwierigen Zeit nicht mit der lebendigen Unternehmensidentität in Verbindung gewesen wäre, hätte ich alles hingeschmissen", so eine Kleinunternehmerin.

(Interview mit Walter Bruck)

Überlassen Sie Ihre Corporate Identity nicht dem Zufall!

Ab und zu höre ich von kleinen Unternehmen ernsthafte Bedenken gegen Corporate Identity. Diese lautet ungefähr so: „Identität steuern, Selbstdarstellung planen – das ist doch Manipulation. Wir machen einfach gute Arbeit und sind, wie wir sind. Das reicht uns."

Aus meiner Sicht hat Corporate-Identity-Management nichts mit Manipulation zu tun. Es geht nicht darum, anderen eine Sichtweise aufzuzwingen oder einen Eindruck zu erwecken, der von der Realität meilenweit entfernt ist. Vielmehr geht es darum, zu wissen, wofür man stehen will, und das konsequent zu vermitteln.

Deshalb meine Bitte: Machen Sie sich bewusst, wofür Sie stehen und wie Sie wahrgenommen werden wollen. Sorgen Sie dafür, dass Sie so wahrgenommen werden, wie es Ihren Wertvorstellungen entspricht. Angenommen, Sie sind Steuerberater und legen großen Wert auf eine leicht verständliche Beratung und auf Sorgfalt. Dann wäre es fatal, durch eine nachlässig gestaltete Website mit Tippfehlern, komplizierter Navigation und Texten im Behördenstil ein falsches Signal zu setzen. Ihre Stammkunden verzeihen Ihnen das vielleicht, weil sie Ihre Qualitäten in der Arbeit kennen gelernt haben. Vielleicht sind sie aber auch irritiert und empfehlen Ihre Website ungern weiter. Potenzielle Kunden, die auf Ihre Website stoßen, werden als ersten Eindruck jedenfalls nicht Verständlichkeit und Sorgfalt als Botschaften mitbekommen. Interessenten achten auf Signale, auf Indikatoren und schließen von „Kleinigkeiten" aufs große Ganze und auf Ihre Kompetenz. Wer keine Neukunden zu verlieren hat, nutzt also bewusst gesteuerte Corporate Identity für den Unternehmenserfolg.

Wie groß sind kleine Unternehmen?

Was verbinden Sie mit dem Wort „klein" im Zusammenhang mit Unternehmen? Ist klein bei Ihnen positiv besetzt oder eher negativ? Neutral betrachtet sagt der Begriff „kleine Unternehmen" nur etwas über die Unternehmensgröße aus und über den Umsatz. Aspekte wie Erfolg, Bedeutung oder gar Großartigkeit stehen auf einem anderen Blatt.

Die Europäische Union (EU) definiert Unternehmensgrößen so:

- Kleinstunternehmen – bis 9 Beschäftigte – bis unter 2 Millionen Euro Jahresumsatz
- Kleinunternehmen – 10 bis 49 Beschäftigte – 2 bis 10 Millionen Euro Jahresumsatz
- Mittlere Unternehmen – 50 bis 249 Beschäftigte – 11 bis 50 Millionen Euro Jahresumsatz
- Große Unternehmen – 250 und mehr Beschäftigte – 51 Millionen Euro Jahresumsatz und mehr

2007 gab es laut Statistischem Bundesamt 3,1 Millionen umsatzsteuerpflichtige Unternehmen in Deutschland. Der überwiegende Teil davon sind kleine und mittelgroße Unternehmen.

Legt man die KMU-Definition des Instituts für Mittelstandsforschung (IfM) in Bonn zu Grunde, so zählen 99,7 Prozent der Unternehmen zu den kleinen und mittleren Unternehmen. Das IfM setzt im Gegensatz zur EU die Anzahl der Beschäftigten bei mittleren Unternehmen mit 10 bis 499 an. Auf diese Unternehmen entfallen 37,5 Prozent aller Umsätze und 70,5 Prozent aller Beschäftigten. Ihr Anteil an den Auszubildenden beläuft sich auf 83,1 Prozent. Kleine und mittlere Unternehmen haben eine sehr wichtige Funktion im Wirtschaftsleben.

Solo- und Kleinunternehmen machen einen großen Anteil an der Wirtschaft aus und haben allen Grund, sich ernst zu nehmen und mithilfe eines bewährten Systems wie Corporate-Identity-Management nachhaltige Erfolge anzustreben.

Erfolgsgarant Corporate Identity

Corporate-Identity-Management bedeutet, systematisch am eigenen Unternehmen zu arbeiten.

Sie haben vielleicht die feine Unterscheidung schon einmal gehört: Wer mit seiner Selbstständigkeit Erfolge feiern will, darf nicht nur <u>im</u> eigenen Unternehmen arbeiten, sondern muss immer wieder auch <u>am</u> Unternehmen arbeiten. Der Unterschied ist gewaltig: Wer nur <u>im</u> Unternehmen arbeitet, wickelt Aufträge ab und erledigt anfallende Arbeiten – solange welche da sind. Das kann leider schneller ein Ende finden als gewünscht. 2008 standen in Deutschland den

399.000 Gründungen 412.000 Firmenschließungen gegenüber (Quelle: Bundesministerium für Wirtschaft und Technologie). Ein Großteil davon hat das Unternehmen sicher nicht freiwillig liquidiert.

Wer regelmäßig am eigenen Unternehmen arbeitet, entwickelt seine Geschäftsmodelle weiter, betreibt regelmäßig Marketing, plant seine Preispolitik geschickt und kümmert sich um seine Mitarbeiterführung. Mit dem Ziel, sein Unternehmen weiterzuentwickeln und lebendig zu halten.

Kleine Unternehmen gehen ein, wenn sie kein System in ihre Arbeit bringen

In seinem Buch „E-Myth Revisited" beschreibt Michael Gerber, woran seiner Meinung nach viele kleine Unternehmen in Amerika kranken, warum 80 Prozent in den ersten fünf Jahren wieder schließen müssen. Die Inhaber versäumen es seiner Ansicht nach, ein System zu entwickeln, nach dem ihr Unternehmen auch ohne ihre Anwesenheit funktioniert. Zu dem System gehören zum Beispiel reibungslose Geschäftsabläufe ebenso wie ein klarer Führungsstil und kontinuierliches Marketing. Ich glaube, dass viele deutsche Unternehmen ähnliche Hürden zu überwinden haben.

Das Bundesministerium für Wirtschaft und Technologie (BMWi) stellt in einer Übersicht sieben typische Marketing-Fehler von Gründern zusammen. Meiner Erfahrung nach haben Unternehmer/-innen damit auch Jahre nach der Gründung oft noch Probleme. Ein „fehlendes Unternehmensgesicht", also kein bewusstes Corporate-Identity-Management, ist ein wichtiger Punkt auf der Fehlerliste. Das Ministerium schreibt: „Unternehmen verstehen sich oft lediglich als Produkt- und Dienstleistungsanbieter. Sie übersehen dabei, dass sie vom Kunden nie allein, sondern als ‚komplexes Ganzes' gesehen werden. Problematisch ist, dass viele Gründerinnen und Gründer die Bedeutung des Firmenauftritts unterschätzen. Wichtig ist vielmehr, dem Unternehmen so schnell wie möglich ein ‚Gesicht' zu geben und diese Identität systematisch und einheitlich zu kommunizieren." (Quelle: BMWi, GründerZeiten Nr. 20)

Zu den weiteren typischen Stolpersteinen beim Marketing gehören laut BMWi „Verzettelte Akquise" und „Erlahmende Öffentlichkeitsarbeit". Bereiche, die Sie mit gezielten Corporate Communications in den Griff bekommen. Corporate-Identity-Management ist ein hervorragendes Mittel, um gegen Verzettelung und Nichtstun vorzugehen.

Wohl jeder Unternehmer versteht, dass systematische Akquise überlebenswichtig ist. Und doch werden oft völlig ohne Plan und System nur vereinzelte Aktionen gestartet: hier mal ein Anruf bei einem „schlafenden" Kunden, da eine Presseinformation, dort eine isolierte Anzeige. So kommt natürlich kein kon-

Chancen und Gefahren — **Praxis-Tipp**

Chancen von bewusst gestalteter Corporate Identity:

- Sie lernen sich, Ihre persönlichen Werte und ggf. die Ihrer Mitarbeiter besser kennen
- Sie können sich voller Energie auf gemeinsame Werte ausrichten
- Sie haben das „große Bild" im Blick und handeln ganzheitlich

Gefahren von vernachlässigter Corporate Identity:

- Sie wissen nicht, was Sie wollen, und strahlen das auch aus
- Sie agieren widersprüchlich und irritieren andere damit
- Sie tun zu wenig für Ihre Außendarstellung und werden unsichtbar

stanter Strom an Aufträgen oder Verkäufen zustande. Nun können aber kleine Unternehmen und Solo-Selbstständige nicht wie die Marketing-Abteilung eines großen Unternehmens agieren und zum Beispiel aufwändige Anzeigen-Kampagnen fahren oder jede Woche Interessenten zu Präsentationen einladen, Werbebriefe sowie Newsletter verschicken und außerdem noch regelmäßig Presseinformationen herausgeben. Dazu fehlen kleinen Unternehmen meist Zeit, Geld und Personal. Die gute Nachricht lautet: Sie müssen großen Unternehmen nicht in Bezug auf Quantität nacheifern. Aber Sie brauchen einen guten Plan für Ihre Außendarstellung und für systematische Akquise.

Corporate Identity ist Ihre verlässliche Richtschnur

Mit Corporate-Identity-Management haben Sie ein Instrument an der Hand, das Ihnen einen ganzheitlichen Ansatz bietet und zugleich die Möglichkeit, Ihre Aktionen zeitweise auf sehr wenige Maßnahmen zu beschränken. CI gibt Ihnen das gute Gefühl, dass Sie einem vernünftigen Plan folgen, statt das Schicksal Ihres Unternehmens Zufällen zu überlassen. Welche Maßnahme auch immer Sie einsetzen, Corporate Identity ist Ihre Richtschnur, auf die Sie sich immer verlassen können. Sie garantiert Ihnen, dass Sie widerspruchsfrei und stimmig auftreten – egal, ob Sie viele oder wenige Maßnahmen zur Selbstdarstellung umsetzen.

Gerade Selbstständige, kleine Unternehmen und Organisationen können mit bewusst gesteuerter Corporate Identity ihren Erfolg immens steigern. Gemeint ist Erfolg auf ganzer Linie: finanzieller Erfolg ebenso wie persönlicher und zwischenmenschlicher Erfolg.

Checkliste **Steigerung des Unternehmenserfolges**

Können Sie mithilfe von Corporate-Identity-Management Ihren Unternehmenserfolg steigern?

Prüfen Sie anhand folgender Fragen, ob Sie das Potenzial, das in Corporate Identity steckt, für Ihr Unternehmen ausschöpfen. Je öfter Sie mit einem 100-prozentigen „Ja" antworten, desto mehr haben Sie den Spirit von Corporate Identity schon verwirklicht.

- ❑ Ich bin mir über meine Unternehmensidentität im Klaren.
  Ich kann in zwei, drei verständlichen Sätzen erklären, was mein Unternehmen ausmacht.
- ❑ Meine Mitarbeiter und ich haben einen Grundkonsens über die Unternehmensidentität.
  Wir ziehen an einem Strang und gehen mit Kunden widerspruchsfrei um.
- ❑ Mein Unternehmen verfügt über ein professionell gestaltetes Corporate Design (CD).
  Alle Materialien, die wir nutzen, entsprechen unserem CD.
- ❑ Das Unternehmen verfügt über einen Kommunikationsplan.
  Die Außendarstellung in Form von Website, Broschüren, Werbebriefen etc. ist stimmig.

Ob Ihr Unternehmen am Markt angenommen oder abgelehnt wird, hängt nicht von vereinzelten Aktionen ab, von einzelnen Aspekten Ihres Auftretens. Ob es mit Ihrem Unternehmen bergauf oder bergab geht, hängt vom Gesamtbild ab, das sich andere aus der Vielzahl verschiedener Eindrücke von Ihnen machen. Diese Erkenntnis macht sich Corporate-Identity-Management zunutze und setzt auf das Handhaben des großen Ganzen.

Können sogar Solo-Unternehmer von dem System profitieren?

Das können sie! Corporate Identity ist für Einzelunternehmer genauso wichtig wie für Unternehmen mit Mitarbeitern. Wenn es auch bei Solisten einige Besonderheiten zu beachten gibt.

Für Einzelunternehmer ist der Begriff „corporate", also „vereint/gemeinsam", natürlich nicht ganz passend. Zumindest, wenn man „vereint" auf feste Mitarbeiter bezieht. Selbstständige ohne Mitarbeiter können dennoch sehr vom

Corporate-Identity-Ansatz profitieren. Sie brauchen ebenso ein klares Leitbild, klare Handlungsmaximen, ein einheitliches Design und eine konsequente Kommunikation wie Unternehmen mit Mitarbeitern.

Es gibt für Solisten eine besondere Herausforderung. Sie vereinen viele Funktionen in ihrer Person. Sie sind zum Beispiel Unternehmensleiter, Marketing-Verantwortlicher, Steuerbeauftragter, Sekretär, Abteilungsleiter und Kundenberater in Personalunion. Manchmal scheint es so, dass das Tagesgeschäft einen auffrisst und keine Zeit bleibt, allen Rollen ihren Raum zu verschaffen. Je nach persönlicher Disposition bleiben administrative Aufgaben auf der Strecke oder die regelmäßige Akquise oder der Steuerkram. Das geht auch vielen Inhabern kleiner Unternehmen mit Mitarbeitern so. Einige Aufgaben haben sie sicherlich delegiert, aber die Hauptlast der Unternehmensführung liegt meist beim Inhaber. Corporate-Identity-Management lenkt den Blick aufs Wesentliche.

Jeder Selbstständige erreicht die größten Erfolge, wenn er mit sich im Reinen ist und stimmig kommuniziert. Das fängt damit an, sich selber mit so viel Wertschätzung zu behandeln, wie man auch einen guten Mitarbeiter für Marketing, Sekretariat, Steuern, Produktion und Auftragsabwicklung behandeln würde.

Haben es große Unternehmen mit Corporate-Identity-Management leichter?

Je größer das Unternehmen, desto mehr Geld steht in der Regel für Corporate-Identity-Prozesse zur Verfügung. Sehr große Unternehmen investieren sehr viel Geld in ihr Corporate-Identity-Management. Aber das müssen sie auch. Es ist nicht einfach, in einer großen Firma alle Beschäftigten dazu zu bringen, die Corporate Identity zu leben. Abteilung A konkurriert heimlich mit Abteilung B – beide machen sich gegenseitig das Leben und die Arbeit schwer, statt sich gemeinsam um optimalen Kundenservice zu kümmern. Mitarbeiter der unteren Tarifgruppen denken und reden völlig anders über den Konzern als das Top-Management. Was über die Personalpolitik nach außen dringt, stimmt mitunter so gar nicht mit der Selbstdarstellung in Stellenanzeigen überein. Große Unternehmen haben es nicht leicht, eine glaubwürdige Persönlichkeit aufzubauen. Sie wirken vielmehr oft anonym und unnahbar. Dem versuchen sie mit kostspieliger Werbung und PR gegenzusteuern. Deshalb gibt es den „Herrn Kaiser" von der XYZ-Versicherung, der Kunden mit Handschlag begrüßt.

Zum Glück haben Sie diese Sorgen als kleines Unternehmen nicht. Sie und Ihre Mitarbeiter haben meist persönlichen Kontakt zu Ihren Kunden. Individuelle Kundenbeziehungen müssen Sie nicht erst mit einer großen Kampagne glaubhaft machen. Der Inhaber oder die Inhaberin steht mit seinem oder ihrem Gesicht für das Unternehmen, Mitarbeiter identifizieren sich meist stärker mit einem kleinen Unternehmen als mit einem großen. Auch Konflikte untereinander lassen sich in kleinen Gruppen meist schneller lösen.

Alles läuft in kleinerem Maßstab ab. Warum lassen sich dann doch viele Selbstständige und Unternehmer von Corporate Identity abschrecken? Aus meiner Sicht wird das System von kleinen Unternehmen oft nicht genutzt, weil sie eine Reihe von Ängsten davon abhält. Die Angst, dass Corporate Identity ein zu komplexer Ansatz ist, dass zu viel beachtet werden muss. Und in der Tat kann viel richtig und falsch gemacht werden. Aber es gar nicht erst zu versuchen, hilft nicht weiter. Deshalb mein Rat: Gehen Sie mit dem Ansatz ganz pragmatisch um. Bei Corporate Identity nach meinem Verständnis geht es nicht um Perfektion, sondern um den Blick aufs große Ganze. Haben Sie den ganzheitlichen Ansatz im Hinterkopf und setzen Sie dort Schwerpunkte, wo es in Ihrem Unternehmen gerade den größten Engpass beziehungsweise das größte Entwicklungspotenzial gibt.

Nehmen wir zum Beispiel das Leitbild (Sie lernen dieses Corporate-Identity-Instrument im nächsten Kapitel genauer kennen). Ein großes Unternehmen wie Ritter Sport entwickelt sein Leitbild unternehmensintern, lässt es aber durch eine Werbeagentur im Corporate Design des Unternehmens – quadratisch, praktisch, gut – layouten und farbig drucken. Das können Sie auch tun, wenn Ihr Herz daran hängt. Müssen Sie aber nicht. Ein ordentlich gestalteter Schwarz-Weiß-Text reicht völlig aus. Das Geld investieren Sie vielleicht lieber in gute Fotos für Ihre Website. Ganz auf ein Leitbild zu verzichten, halte ich dagegen für einen Fehler. Verpassen Sie nicht die Chance, als Unternehmer mit 0 bis 49 Mitarbeitern oder als kleine Organisation Ihre Werte, Ihre Vision und Ihre Verhaltensmaxime schriftlich zu fixieren.

Auszug aus dem Corporate-Design-Manual von Bialik Dental-Technik:
Das Logo ist das Herzstück des Corporate Designs von Bialik Dental-Technik. Das ovale Zeichen stellt Ober- und Unterkiefer dar und symbolisiert eine ganzheitliche Betrachtung der Mundsituation des Patienten und den besonderen Anspruch des Unternehmens an fachliches, anatomisches Hintergrundwissen für individuellen und funktionalen Zahnersatz (anerkannte anatomische Darstellung der Kiefer-Aufteilung der Zahnbögen in Quadranten I bis IV). Der Schriftzug „bialik" besteht nur aus Kleinbuchstaben, während der Untertext „Dental-Technik" in Großbuchstaben erscheint. Großbuchstaben heben die Wichtigkeit und die Bedeutung des Handwerks hervor, wohingegen das Labor sich selbst mit Kleinbuchstaben gegenüber der Zahnarztpraxis zurücknimmt. Dem Zahnarzt obliegt die Leitung bei der Planung des Zahnersatzes für die Patienten. Das Labor steht der Praxis als verlässlicher, serviceorientierter Partner unter Berücksichtigung individueller Behandlungsmethoden mit Know-how und Verantwortungsbewusstsein zur Seite.

bialik
DENTAL-TECHNIK

Mit diesem Design, das Zahnärzte und Patienten gleichermaßen ansprechen soll, werden zentrale Werte wie fachliche Kompetenz (durch die Symbolik und eine sehr klare, übersichtliche Darstellung) und Gewissenhaftigkeit vermittelt. Die Bereiche der Website, die der Aufklärung des Patienten dienen, haben ein freundliches, farbenfrohes Erscheinungsbild. Sauberkeit und modernes, innovatives Handwerk werden visualisiert.

Unternehmen: Bialik, www.bialik.de
Design: Antje Hartung, www.antjehartung.de

Das Logo erscheint in blauer Farbe, wobei in dem vierteiligen Signet zwei Bereiche (Zahnbögen) mit einem Tonwert von 25 % zurückgesetzt sind. Dieser Effekt belebt die Form des Zeichens und symbolisiert das harmonische Nebeneinander von künstlichem und natürlichem Zahnbestand im Mund des Patienten.

Der Claim „das Labor hinter der Praxis" unterstützt die Darstellung dieser Sicht auf das Arbeitsverhältnis zwischen Praxis und Labor zusätzlich verbal. Er deutet auf die Besonderheit des Unternehmens hin, die darin besteht, die kommunikative Zusammenarbeit mit dem Behandler als wichtigste Grundlage für die Fertigung von hochwertigem und individuell abgestimmtem Zahnersatz anzusehen. Das ist das wichtigste Kunden-Versprechen, mit dem das Unternehmen Bialik Dental-Technik erfolgreich werben kann, da es sich in genau diesem Punkt von anderen Laboren, besonders von der Konkurrenz aus dem Ausland, unterscheidet.

bialik
DENTAL-TECHNIK
Seite 2
bialik
DENTAL-TECHNIK
Bialik Dental-Technik GmbH, Wexstraße 2, 10825 Berlin
Zahnarztpraxis
Roland Musterzahn
Zahnwehstraße 100a
12001 Zahnach
01. Monat 2008
Aussagekräftige Überschrift
Sehr geehrter Herr Musterzahn,
dieser Text hat Schriftgröße 10 und sonst gar keinen wirklichen Inhalt. Aber er hat auch keine Relevanz, und deswegen ist das egal. Er dient lediglich als Platzhalter. Um mal zu zeigen, wie diese Stelle der Seite aussieht, wenn ein paar Zeilen vorhanden sind. Ob sich der Text dabei gut fühlt, weiß ich nicht. Ich schätze, eher nicht, denn wer fühlt sich schon gut als Platzhalter. Aber irgendwer muss diesen Job ja machen und deshalb kann ich es nicht ändern. Ich könnte dem Text höchstens ein bisschen gut zureden, dass er auch als Platzhalter eine wichtige Rolle spielt und durchaus gebraucht wird.
Austauschbar zu sein bedeutet ja eigentlich, dass nicht man selbst, sondern einfach irgendjemand oder irgendwas an der Stelle gebraucht wird. Somit würde mein erstes Argument, man braucht dich, nicht mehr ziehen, und das zuvor erzeugte gute gefühl des Textes wäre zunichte gemacht. Das will ich nicht. Also bitte nix verraten, ja? Aber vielleicht merkt er es ja nicht.
Mit freundlichen Grüßen,
Kerstin Beuermann
Bialik Dentaltechnik GmbH
Wexstraße 2, 10825 Berlin
Telefon (030) 8 53 35 35
Telefax (030) 8 53 82 35
Internet: www.bialik.de
Email: dental@bialik.de
Geschäftsführerin
Kerstin Beuermann
Dipl.-Betriebswirtin (FH)
92 HRB 11907
AG Charlottenburg
St.-Nr. 29 / 007 / 09847
Berliner Sparkasse:
BLZ 100 500 00
Konto 990 012 034
Postbank Berlin:
BLZ 100 100 10
Konto 808 65 101

bialik
DENTAL-TECHNIK
Bialik
Dental-Technik GmbH
Wexstraße 2, 10825 Berlin
Telefon (030) 8 53 35 35
Telefax (030) 8 53 82 35
www.bialik.de
dental@bialik.de
das Labor hinter der Praxis

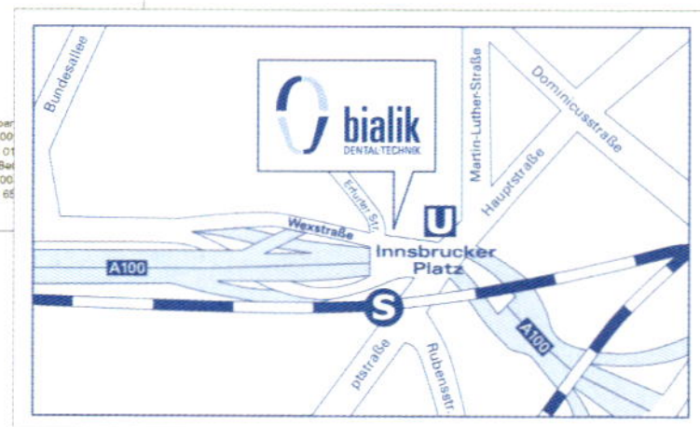
Bundesallee
bialik
DENTAL-TECHNIK
Martin-Luther-Straße
Dominicusstraße
Hauptstraße
Wexstraße
U
Innsbrucker Platz
A100
S
Rubensstr.
A100

Fortbildung
13. 09. 2008
→ Funktionelle Zahnmedizin – Teil 1
Theorie und Praxis
Referenten:
Dr. MATTHIAS MÜLLER M.Sc.
HANNE RAANAAS
MANUELA THIEMANN
bialik
DENTAL-TECHNIK

bialik
DENTAL-TECHNIK
Bialik
Dental-Technik GmbH
Wexstraße 2, 10825 Berlin
Telefon (030) 8 53 35 35
Telefax (030) 8 53 82 35
das Labor hinter der Praxis:
Praxis
Dr. Roman Musterzahn
Zahnwehstraße. 18, 10717 Zahnach

bialik
DENTAL-TECHNIK
Kerstin Beuermann
Geschäftsführerin
Bialik
Dental-Technik GmbH
Wexstraße 2, 10825 Berlin
Telefon (030) 8 53 35 35
Telefax (030) 8 53 82 35
www.bialik.de
dental@bialik.de

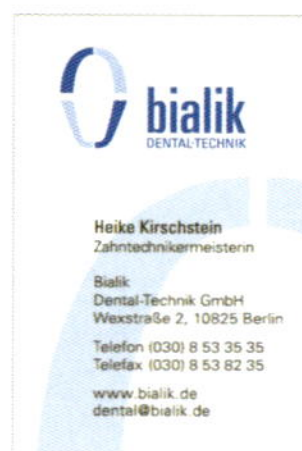
bialik
DENTAL-TECHNIK
Heike Kirschstein
Zahntechnikermeisterin
Bialik
Dental-Technik GmbH
Wexstraße 2, 10825 Berlin
Telefon (030) 8 53 35 35
Telefax (030) 8 53 82 35
www.bialik.de
dental@bialik.de

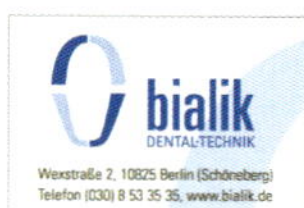
bialik
DENTAL-TECHNIK
Wexstraße 2, 10825 Berlin (Schöneberg)
Telefon (030) 8 53 35 35, www.bialik.de

das Labor hinter der Praxis

bialik
DENTAL-TECHNIK
Bialik
Dental-Technik GmbH
Wexstraße 2, 10825 Berlin
Telefon (030) 8 53 35 35
Telefax (030) 8 53 82 35
www.bialik.de
dental@bialik.de

bialik
DENTAL-TECHNIK
Bialik
Dental-Technik GmbH
Wexstraße 2, 10825 Berlin
Telefon (030) 8 53 35 35
Telefax (030) 8 53 82 35
www.bialik.de
dental@bialik.de
das Labor hinter der Praxis

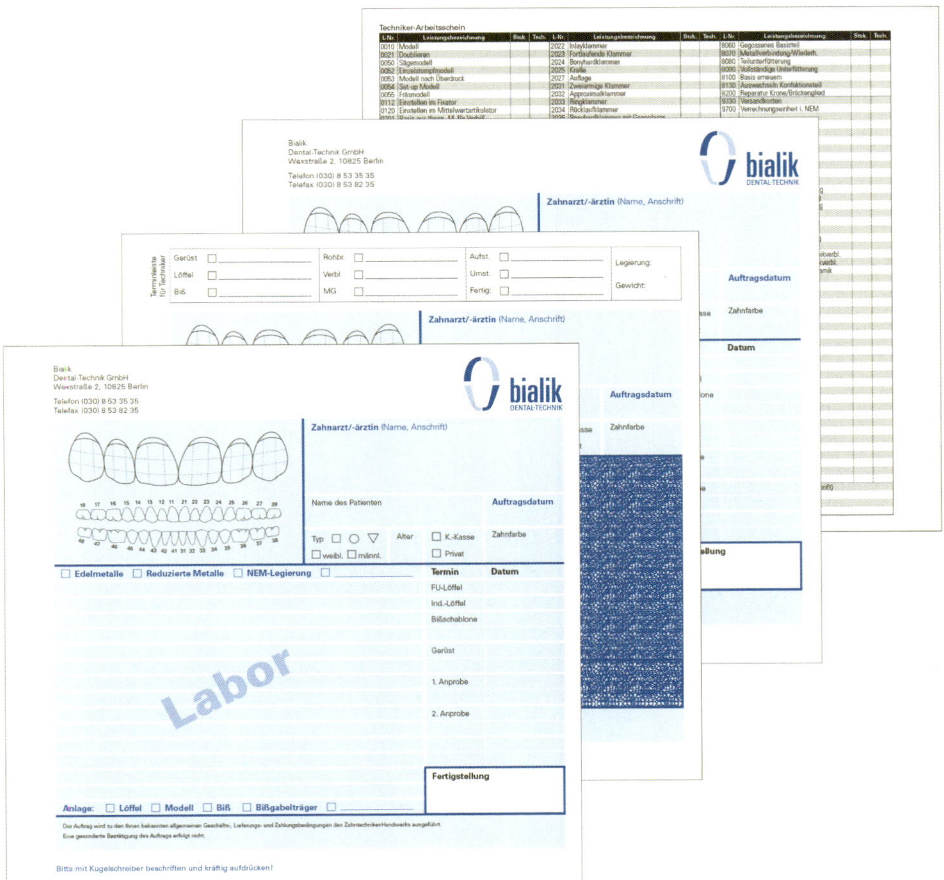
Bialik
Dental-Technik GmbH
Wexstraße 2, 10825 Berlin
Telefon (030) 8 53 35 35
Telefax (030) 8 53 82 35
bialik
DENTAL-TECHNIK
Zahnarzt/-ärztin (Name, Anschrift)
Name des Patienten
Auftragsdatum
Typ
Alter
K.-Kasse
Privat
weibl.
männl.
Zahnfarbe
Edelmetalle
Reduzierte Metalle
NEM-Legierung
Termin
Datum
FU-Löffel
Ind.-Löffel
Bißschablone
Gerüst
1. Anprobe
2. Anprobe
Labor
Fertigstellung
Anlage:
Löffel
Modell
Biß
Bißgabelträger
Bitte mit Kugelschreiber beschriften und kräftig aufdrücken!

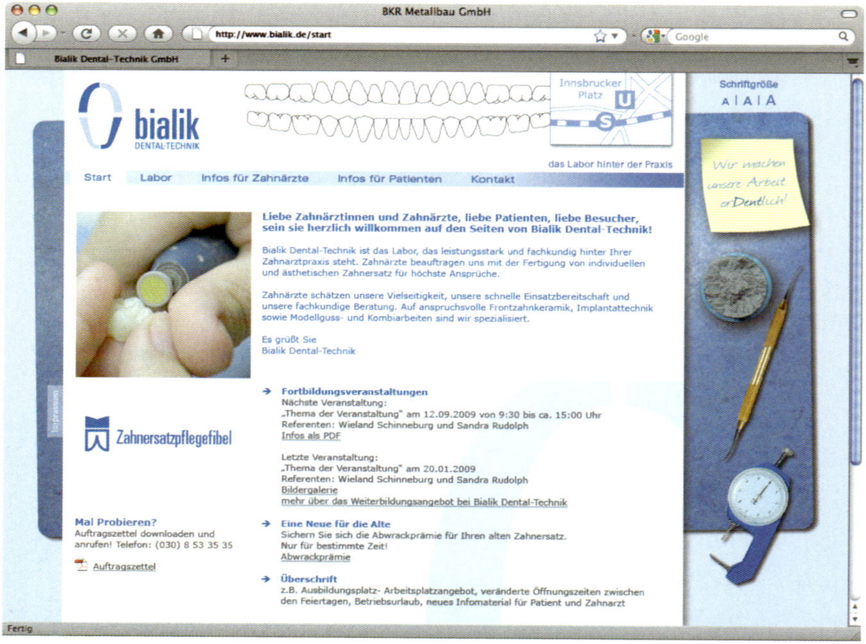

Startseite der Website www.bialik.de

Autobeklebung der Firma bialik Dental-Technik

11 Elemente der Corporate Identity

Was viele an Corporate Identity fasziniert und manche erschreckt, ist die Ganzheitlichkeit. Bei Corporate Identity geht es nicht um einzelne Aspekte, die besonders hervorgehoben werden. Die Idee der Corporate Identity als „Klammer", die alle wichtigen Aspekte der Unternehmensführung zusammenhält, ist immer wichtiger als vereinzelte Elemente. Marketing zum Beispiel ist ebenfalls ein recht umfassender Ansatz. Aber er konzentriert sich klassischerweise auf die Produkte oder die Dienstleistung, die es zu vermarkten gilt. Corporate Identity nimmt dagegen Ihr gesamtes Unternehmen in den Blick, nicht nur Ihr Angebot.

Mit einer guten Marketing-Strategie bauen Sie Vertrauen in Ihre Leistungen auf. Mit einer guten Corporate-Identity-Strategie bauen Sie Vertrauen in Ihr Unternehmen auf. Beides ist wichtig. Vertrauen in Ihr Unternehmen hilft Ihnen zum Beispiel sehr, wenn Sie neue Leistungen auf den Markt bringen wollen. Die kennen Ihre Kunden noch nicht, aber sie geben den neuen Produkten oder Dienstleistungen einen Vertrauensvorschuss, weil sie von Ihrem Unternehmen überzeugt sind.

Der Corporate-Identity-Ansatz enthält kein entweder-oder. Es gibt keine Versprechen, dass entweder Mitarbeiter-Trainings oder aber ein überarbeitetes Logo oder vielmehr Medienarbeit und Werbebriefe garantiert zum Erfolg führen. Corporate Identity setzt nicht auf Einzel-Maßnahmen, sondern auf das Zusammenspiel. Der Ansatz deckt alle wichtigen Bereiche ab, die für das Entstehen eines Gesamtbildes verantwortlich sind.

Das große Bild: Ganzheitliche Strategie für mehr Unternehmenserfolg

Genau das kann für kleine Unternehmen so hilfreich sein. Corporate Identity bringt uns dazu, das große Bild anzuschauen. Der Erfolg eines Unternehmens wird von so vielen Aspekten bestimmt. Dazu gehören die Vision, aufgrund deren das Unternehmen überhaupt gegründet wurde, die bisherige Entwicklung der Firma, der Faktor Mensch (Mitarbeiter, Kunden, Geschäfts- und Kooperationspartner, Lieferanten u. a.), die Faktoren Geschäftsmodell, Marketing, interne und externe Kommunikation. All das gehört zum großen Bild. Im Idealfall wirkt das Bild insgesamt und in allen Details überzeugend.

Anders als bei einem echten Gemälde ist ein Unternehmen aber nie fertig. Sie arbeiten vielmehr immer wieder an verschiedenen Ausschnitten. Mal nehmen Sie das Design ins Visier, mal stehen vielleicht die Abläufe mit Mitarbeitern im Vordergrund, mal prüfen und verfeinern Sie womöglich Ihr Geschäftsmodell. Während man den Fokus auf ein oder mehrere Details setzt, kann das große Bild aus dem Blick geraten. Das birgt die Gefahr, dass einzelne Aktionen nicht stimmig zum Gesamtbild passen.

Ich kann mich an einen Kunden aus der Bildungsbranche erinnern, der sein Angebot mit einer aufwändigen Plakat-Kampagne präsentieren wollte. Darin sollten glückliche Studierende begeisterte Statements abgeben. Zugleich bestand aber ein gravierendes Kommunikationsproblem mit den Studierenden der Einrichtung. Eine Untersuchung hatte ergeben, dass sich Interessenten zu fast 75 Prozent aufgrund der Empfehlung von Studierenden für eine private Hochschule in der Region entschieden. Die Untersuchung sagte auch, dass mehr als 60 Prozent der Studierenden unzufrieden mit der Service- und Informationspolitik der Hochschule waren und die Einrichtung künftig nicht mehr weiterempfehlen wollten. Gegen dieses Problem sollten keine Maßnahmen entwickelt werden. Dadurch geriet die ganze Marketing-Strategie in eine Schieflage. Es kostete mich viele Stunden Überzeugungsarbeit, um das Top-Management zu einem Umdenken zu bewegen.

Dabei half der Blick aufs große Ganze und auf die Vision meines Kunden. Die junge private Hochschule wollte eine nachhaltig hohe Qualität der Lehre aufbauen. Denn nur so entsteht eine gute Reputation. Und dazu gehört eben auch, Beschwerden der Studierenden ernst zu nehmen und Verbesserungen einzuleiten. Geradezu simpel erscheinende Mittel waren dazu geeignet: Gut gepflegte, aktuelle Info-Tafeln auf dem Campus, verbesserte Sprechstunden mit den Professoren und ein Magazin (das auch an Interessenten verteilt werden konnte) waren erste Schritte, um die Zufriedenheit und so auch die Empfehlungsquote zu erhöhen. Hätten wir nur auf das Detail Außenwerbung geschaut, wäre der entscheidende Knackpunkt für eine stimmige Kommunikation unbeachtet geblieben. Schlimmer noch, der Widerspruch zwischen selbstbewusster Plakat-Werbung und den kritischen Stimmen der Studierenden hätte dem Image der Einrichtung geschadet. Denn Vision und Wirklichkeit dürfen nicht zu weit auseinanderklaffen.

Die VIVA-Formel

Die VIVA-Formel habe ich entwickelt, damit Sie jederzeit das große Bild ins Visier nehmen können. So können Sie sich zu bestimmten Zeiten unterschiedlichen Bild-Ausschnitten widmen – aber ohne sich in Details zu verlieren.

Mit der VIVA-Formel machen Sie sich die wichtigsten Punkte für eine erfolgreiche Unternehmensführung bewusst:

V – Vision
I – Identität
V – Verhalten
A – Auftritt

Erfolgreiche Unternehmen haben eine Vision und eine klare Identität. Das drückt sich in stimmigem Verhalten aus und in einem glaubwürdigen Auftritt.

■ Vision

Was wollen Sie mit Ihrem Unternehmen in die Welt bringen?

Verbinden Sie sich immer wieder mit Ihrer Vision, auch im Alltag. Ich kenne Unternehmer, die ihre schriftlich fixierte Vision jederzeit sichtbar auf ihrem Schreibtisch oder an der Wand vor sich haben. Die Vision wirkt wie ein Leitvogel, der auf einem langen Flug die Richtung vorgibt.

■ Identität

Welche Werte leiten mich/uns?

Die Identität eines Unternehmens basiert vor allem auf der inneren Haltung des Inhabers und der Mitarbeiter. Wer eine klare, unverwechselbare Identität besitzt, hat es leichter, sich im Wettbewerb zu behaupten. Zugleich ist Identität nicht statisch. Innere Haltungen, Einstellungen, Glaubenssätze können überprüft und verändert werden. Sie können sich also auch fragen: Welche hilfreichen Sichtweisen möchte ich einnehmen? Welche neuen Sichtweisen wünsche ich mir von meinen Mitarbeitern und sie sich von mir?

■ Verhalten

Wie will ich/wollen wir agieren?

Als Unternehmer haben wir großen Gestaltungsspielraum. Wir sind in der glücklichen Lage, unser Agieren zu einem hohen Grad selbst zu bestimmen. Zum Beispiel beim Marketing: Sie entwickeln das Produkt, Sie legen den Preis fest, Sie entscheiden, wann und wo Ihr Produkt angeboten wird und wie Sie mit Ihren (potenziellen) Kunden kommunizieren. Oder Ihr Umgang mit Mitarbeitern: Sie entscheiden über Führungsstil, Weiterbildungsangebote, Löhne und Gehälter. Bei jeder Entscheidung wägen Sie viele Faktoren ab.

- **Auftritt**

Wie soll ich/sollen wir auftreten und das Unternehmen nach außen darstellen?

Keiner will ein verzerrtes Bild von sich in der Öffentlichkeit erwecken. Sie kümmern sich also darum, dass Ihr Auftritt zu Ihnen passt. Die Außendarstellung ist der entscheidende Schritt, damit Ihr Unternehmen mit seiner Vision, seiner Identität und seinem Verhalten bei den Bezugsgruppen überhaupt wahrgenommen wird. Erst Corporate Communications und Corporate Design, Marketing, Kommunikation, Eigenwerbung, Akquise – oder wie Sie es auch nennen wollen – machen Ihr Unternehmen sichtbar. Mit Ihrem Auftritt bauen Sie bei Menschen, die anfangs Fremde für Sie sind, nach und nach Vertrauen auf.

So weit die VIVA-Formel in Kürze. Sie werden die einzelnen Bestandteile auf den folgenden Seiten in den Elementen der Corporate Identity wiederentdecken und genauer kennen lernen.

V – Vision
finden Sie im Abschnitt „Leitfaden" wieder

I – Identität
zieht sich durch sämtliche Abschnitte

V – Verhalten
finden Sie im Kapitel „Corporate Behaviour" wieder

A – Auftritt
finden Sie in den Kapiteln „Corporate Design" sowie „Corporate Communications" wieder

Mit der VIVA-Formel bekommen Sie den komplexen Ansatz des Corporate-Identity-Managements jederzeit in den Griff. Sie können sozusagen bei jeder Entscheidung, die es im Unternehmensalltag zu treffen gilt, an vier Fingern abzählen, ob sie Ihrer Corporate Identity entspricht.

Ich werde Sie an entscheidenden Stellen wieder an die VIVA-Formel erinnern. Anhand von Beispielen erfahren Sie, wie Sie die Formel zum Aufbau Ihrer einzigartigen Unternehmensidentität nutzen können.

In Ergänzung zur VIVA-Formel und zur folgenden Anleitung, wie Sie ein Leitbild entwickeln, können Sie mein kostenfreies E-Booklet „So finden Sie Ihre Position am Markt" anfordern.

Mehr Informationen dazu unter www.viva-akquise.de

Unternehmenskultur

Die Unternehmenskultur oder Corporate Culture ist der Boden, auf dem Sie Ihre Corporate Identity entwickeln – Ihr Ausgangspunkt. Jedes Unternehmen hat eine individuelle Kultur. Von dem Moment der Gründung an prägen Sie als In-

Corporate-Identity-Management
Und hier die klassischen Bestandteile des Corporate-Identity-Managements im Überblick:
- *Unternehmenskultur*
- *Image*
- *Leitbild*

Instrumente der Corporate Identity:
- *Corporate Design (CD)*
- *Corporate Behaviour (CB)*
- *Corporate Communications (CC)*

haber und alle Mitarbeiter durch bestimmte Umgangsformen, durch Rituale, Normen und Geschichten das Unternehmen. „So machen wir das hier" könnte die Überschrift für eine bewusst und unbewusst gelebte Unternehmenskultur lauten. Es geht also um die ausdrücklichen und um die „ungeschriebenen" Gesetze im Unternehmen.

Machen Sie sich Ihre Unternehmenskultur bewusst:
- Wie reden Sie und Ihre Mitarbeiter mit Kunden? Ist zum Beispiel Humor erlaubt?
- Wie ist der Umgang untereinander? Duzen sich alle oder geht es förmlicher zu?
- Welches Verhalten leben Sie als Inhaber Ihren Mitarbeitern vor, wenn es um Beschwerden geht?
- Welche Regeln bestehen in Bezug auf Pünktlichkeit, Ordnung, Sauberkeit?
- Wie hoch ist die Fehlertoleranz in Ihrem Unternehmen?
- Welche „Das geht gar nicht"-Gesetze haben Sie?
- Wie wird mit Kritik und Konflikten umgegangen?
- Wie gehen Sie mit Praktikanten um?

Während meiner 7-jährigen Tätigkeit als Mitinhaberin einer rund 10-köpfigen PR- und Werbeagentur haben wir uns über den Umgang mit Praktikanten viele Gedanken gemacht. Meinen Geschäftspartnern und mir war klar: Das in Agenturen oft übliche Ausquetschen von Praktikanten – Arbeit bis in die Nacht hinein, kaum etwas bezahlen, aber höchste Qualität erwarten – das geht gar nicht. Wir wollten Geben und Nehmen möglichst gut ausbalancieren. Zum Beispiel haben wir Workshops für die Praktikanten abgehalten, die sie in Themen wie Flyer und Broschüren einführten. Außerdem hatten wir Handbücher entwickelt, die bestimmte Arbeitsabläufe erklärten. Auf der anderen Seite haben wir hohes Engagement erwartet. Was so gar nicht ging, waren Praktikanten, die nicht mitdenken wollten. Bei uns hieß das „Gehirn ausschalten". Wer nicht nachfragte, nicht aus eigenem Antrieb nach Lösungen suchte, ständig nur auf Anweisungen wartete, war sozusagen unten durch und kam für eine Übernahme in ein Volontariat, eine Anstellung oder freie Mitarbeit nicht in Frage. Unsere Einstellung war: Fehler machen und lernen ist in Ordnung, aber permanent nicht mitdenken ist tabu.

Mit Blick auf die Unternehmenskultur ist jedes Unternehmen von Natur aus einzigartig. Kein Gefüge an Spielregeln gleicht einem anderen. Im Laufe des Corporate-Identity-Prozesses wirken sich Ihre Arbeit am Leitbild und die Umsetzung von Maßnahmen auf Ihre Unternehmenskultur aus und sie verändert sich.

Image

Wenn Sie sich mit Corporate Identity auseinandersetzen, betrachten Sie das große Bild, Ihr gesamtes Unternehmen, aus drei verschiedenen Perspektiven:

- Selbstbild
- Zielbild
- Fremdbild

Worauf achten Sie, wenn Sie die verschiedenen Blickwinkel einnehmen?

Selbstbild

Sie finden heraus, was Ihnen und Ihren Mitarbeitern wichtig ist und wie Sie sich verhalten. Sie analysieren Ihre Unternehmenskultur.

Zielbild

Sie legen fest, wo Sie hinwollen, wie Sie auftreten wollen. Sie formulieren ein Leitbild und bedienen sich der Corporate-Identity-Instrumente, um Ihre Ziele zu erreichen.

Fremdbild

Sie schauen sich an, was andere über Ihr Unternehmen denken. Sie analysieren Ihr Image.

Vielleicht fragen Sie sich, wo in diesen Elementen Ihre Identität anzusiedeln ist. Ihre Corporate Identity entsteht und entwickelt sich im Zusammenspiel all dieser Bestandteile.

Ihre Unternehmensidentität ist das, was Sie über Ihr Unternehmen denken, wie Sie sich verhalten und wie Sie sich in Zukunft verhalten möchten.

Idealerweise stimmen eines Tages Selbstbild, Zielbild und Fremdbild – Ihre Identität und Ihr Image – überein. Sie können sich denken, dass dieses Ideal selten 100-prozentig erreicht wird. Das muss es auch nicht, damit eine stimmige Unternehmensidentität aufgebaut werden kann. Nach der bewährten Pareto-Regel ist eine 80-prozentige Übereinstimmung auch ein guter Wert. Allerdings lässt es sich schwer in Prozentzahlen ausdrücken, wann eine Corporate Identity als stark, einzigartig und überzeugend bezeichnet werden kann. Ob Sie bestimmte Ziele erreicht haben, lässt sich zwar evaluieren und auch das Image kann erforscht werden. Doch exakte Angaben sind hier nicht immer zu ermitteln. Als kleines Unternehmen können Sie vor allem Ihr Leitbild im Vergleich mit der Realität nutzen, um herauszufinden, wie weit Wunsch und Wirklichkeit noch voneinander entfernt sind. Und Sie können natürlich Ihren Kunden und anderen Bezugsgruppen zuhören. Fragen Sie immer mal wieder nach, wie Ihr Unternehmen auf andere wirkt.

Leitbild

Auf den kommenden Seiten erfahren Sie im Detail, wie Sie für Ihr Unternehmen ein Leitbild entwickeln. Im Leitbild beschreiben Sie nicht nur, auf welchen Werten Ihr Unternehmen basiert, sondern Sie formulieren auch eine Vision und angestrebtes Verhalten, das heute noch nicht exakt mit der Wirklichkeit übereinstimmen muss.

Instrumente der Corporate Identity

Corporate Design, Corporate Behaviour, Corporate Communications

Den drei zentralen Instrumenten der Corporate Identity sind in diesem Buch jeweils drei eigene Kapitel gewidmet.

- Corporate Design, das oft als das wichtigste Instrument angesehen wird, kümmert sich um das visuelle Erscheinungsbild.

- Bei Corporate Behaviour geht es um das Verhalten innerhalb Ihres Unternehmens und nach außen hin.

- Mit Corporate Communications kommunizieren Sie intern und extern mit Ihren Bezugsgruppen.

Interview mit Monika Birkner, Inhaberin von Monika Birkner CoachConsulting

Monika Birkner ist seit 2001 Solo-Unternehmerin und unterstützt mit ihrem Unternehmen „CoachConsulting for Growth, Transition and Transformation" Unternehmer und Geschäftsführer dabei, eine neue Stufe des Erfolgs zu erreichen. Dabei setzt sie auf ein Geschäftsmodell, das in Amerika unter Coachs und Beratern bereits weit verbreitet ist: Sie bietet neben der individuellen Eins-zu-eins-Beratung u. a. Tele-Seminare, Online-Selbstlernkurse und E-Books sowie Audio-Coachings an. Mit vielen Klienten arbeitet sie überwiegend per Telefon und übers Internet: www.monika-birkner.de. *Monika Birkner ist Autorin der Bücher „Wachstumschancen für Solo- und Kleinunternehmer" sowie „Kurswechsel im Beruf" und betreibt einen Blog:* www.blog-monika-birkner.de

Frau Birkner, wenn Sie es in drei, vier Sätzen bündeln müssten: Was macht Ihr Unternehmen erfolgreich?

Wie bei meinen Klienten erlebe ich auch bei mir selbst, dass das Geschäftsmodell, sonstige unternehmerische Strategien (Marketing, Preise usw.) und persönliche Weiterentwicklung zusammenspielen müssen. Das lässt sich allerdings nicht ein für alle Mal festlegen, sondern wandelt sich im Laufe der Zeit, denn auch man selbst, die Marktbedingungen und die Kundenbeziehungen verändern sich. Daher ist es nötig, immer wieder alle Elemente in eine neue Balance zu bringen.

Haben Sie ein Leitbild oder woran richten Sie Ihre Unternehmensentwicklung aus?

Ich habe natürlich persönliche und unternehmerische Werte, allerdings kein geschriebenes Leitbild. Wie die Werte konkret verwirklicht werden, unterliegt allerdings dem Wandel. Die Anstöße zu Veränderungen können dabei von außen, vom Markt, von den Kunden oder von sonstigen Akteuren wie zum Beispiel Kooperationspartnern kommen. Sie können auch von innen kommen, ausgelöst zum Beispiel durch persönliche oder familiäre Veränderungen, Eintritt in neue Lebensphasen und dergleichen.

Was halten Sie für die wichtigsten Stellschrauben bei der Entwicklung kleiner Unternehmen?

Wichtig ist, die richtigen Kunden zu gewinnen und ihnen genau das und in der Weise zu bieten, was diese für die Erreichung ihrer eigenen Ziele, Wünsche oder Bedürfnisse brauchen. Gerade für Solo-Unternehmer ist es extrem wichtig, ihr Geschäftsmodell so zu gestalten, dass die verfügbaren Ressourcen möglichst effektiv und effizient eingesetzt werden. Mit den verfügbaren Ressourcen meine ich nicht nur die eigenen Ressourcen (Zeit, Geld, Fähigkeiten, Ideen etc.), sondern auch Ressourcen von Dritten. Die Idee, als Selbstständiger alles ständig

Im Mittelpunkt des Blogs von Monika Birkner stehen Artikel, Interviews und Tipps, die zum Teil sehr rege von den Lesern kommentiert werden. So entsteht ein Dialog zwischen der Solo-Unternehmerin und ihren Kunden, aber auch mit Interessierten, die (noch) nicht auf der Suche nach einem Geschäftskontakt sind.
Feste Rubriken wie ein Shop ergänzen die aktuellen Inhalte. Doch die Kernidee des Blogs lautet: durch kostenfreie, hochwertige Inhalte Interesse an der eigenen Person wecken und pflegen.
Unternehmen: Monika Birkner, CoachConsulting for Growth, Transition and Transformation, www.monika-birkner.de

selbst machen zu wollen oder zu müssen, ist Schnee von gestern. Erfolgreiche Solo-Unternehmer von heute setzen auf intelligente Kooperationen.

Ihr Unternehmen zeichnet sich durch ständige Innovationen in Bezug auf Ihre Angebote aus. Zugleich ist Ihre persönliche Handschrift dahinter immer erkennbar. Wie wichtig ist Ihnen eine unverwechselbare Unternehmensidentität?
Als Solo-Unternehmer prägt man das Unternehmen natürlich sehr stark durch die eigene Person. Insofern gibt es da eine gewisse Deckungsgleichheit. Diese sollte man aber auch nicht übertreiben. Denn man selbst ist nicht das Unternehmen. Das Unternehmen sollte auch nicht das ganze Leben bestimmen. Stattdessen sehe ich das Unternehmen als ein Instrument, um bestimmte Lebensziele zu erreichen. Doch es ist – gerade für Solo-Unternehmer – wichtig, auch noch ein Leben außerhalb des Unternehmens zu haben.
Eine unverwechselbare Unternehmensidentität wird immer wichtiger. Viele Leistungen erscheinen in den Augen der Kunden heute austauschbar, und das mit zunehmender Tendenz. Die eigene Person sowie andere Elemente der Unternehmensidentität helfen, Unverwechselbarkeit zu schaffen, vorausgesetzt, man hat den Mut, auch einmal aus der Masse auszuscheren, einen eigenen Standpunkt zu vertreten oder sich auf andere Weise abzuheben.

(Interview mit Monika Birkner)

Entwickeln Sie ein Leitbild für Ihr Unternehmen

Egal, wo Sie gerade stehen – das Beste, was Sie für Ihr Unternehmen tun können: Entwickeln Sie ein Leitbild. Es ist ein bedeutender Schritt bei der systematischen Arbeit an Ihrem Unternehmen. Das Leitbild ist das Herzstück jedes Corporate-Identity-Prozesses. Ob es aus drei, vier Sätzen besteht oder eine Seite lang ist, ist nicht entscheidend. Wichtig ist nur, sich die eigene Vision und seine Werte und Ziele bewusst zu machen. Das Leitbild – auch Leitidee, Philosophie oder Mission Statement genannt – wird Ihrem Unternehmen auf mehreren Ebenen Impulse geben.

Das Leitbild

- **soll Sie und Ihre Mitarbeiter mitreißen und motivieren**
  indem Sie sich Ihre Vision und Werte bewusst machen, richten Sie sich auf eine erstrebenswerte Zukunft aus
- **gibt Orientierung und dient als eine Art Richtschnur für Ihr Verhalten**
  indem Sie aus Ihren Werten konkrete Handlungsmaximen ableiten, verschaffen Sie sich Klarheit
- **soll das Wir-Gefühl stärken**
  indem Sie sich auf ein gemeinsames Selbstverständnis einigen, bekräftigen Sie Ihren Zusammenhalt
- **schärft Ihr Profil nach innen und außen**
  indem Sie Ihre Einzigartigkeit herausarbeiten, nehmen Sie eine klare Position am Markt ein

Das Leitbild bündelt also das, was Sie und Ihr Unternehmen im Kern ausmacht. In der Regel besteht es aus drei Abschnitten:

- Vision und Werte
- Leitsätze
- Motto

Vision und Werte

Bei der Vision geht es um die Fragen:

- Welchen Beitrag wollen Sie in der Welt leisten?
- Was treibt Sie an?
- Was möchten Sie verändern / verbessern?
- Welchen Sinn hat Ihr Unternehmen?
- Welchen Nutzen wollen Sie liefern?

Kurz: Warum gibt es Ihr Unternehmen überhaupt? In der Vision steckt Ihre unternehmerische Leitidee. Das Versprechen, das Ihr Unternehmen seinen Kunden gibt. Eine Apotheke kann ihre Vision beispielsweise sehr kurz und plakativ in dem Schlagwort „Gesundheit fördern" bündeln. Das strebt das Unternehmen mittels Beratung und Verkauf von Arzneimitteln an.

Die Leitidee für mein Unternehmen zum Beispiel ist sehr einfach: Ich will kleine Unternehmen stark machen. Darum bemühe ich mich, indem ich Texte und Marketing-Beratung für kleine Unternehmen, Solo-Selbstständige und Organisationen anbiete. Zu meinen Werten gehören Glaubwürdigkeit und Respekt. Aufgebauschte, marktschreierische Werbung lehne ich ab. Mein Motto drücke ich durch die Unterzeile zu meinem Firmennamen Annja Weinberger Communications aus: Agentur für Authentische Kommunikation.

Werte ermitteln

Leitfaden

Bei den Werten geht es um die Fragen:

- Was ist Ihnen wichtig?
- Welche Prioritäten wollen Sie setzen?
- Worauf kommt es Ihnen im Unternehmensalltag an?

Als Selbstständige sind wir in der wundervollen Lage, ein Unternehmen nach eigenen Vorstellungen gestalten zu können. Schauen Sie folgende Auswahl von möglichen Werten an und schreiben Sie sich die drei, vier für Sie wichtigsten heraus.

- ❑ Engagement
- ❑ Ehrlichkeit
- ❑ Einfluss
- ❑ Fairness
- ❑ Freude
- ❑ Freundlichkeit
- ❑ Führung
- ❑ Gelassenheit
- ❑ Gerechtigkeit
- ❑ Hingabe
- ❑ Humor
- ❑ Integrität
- ❑ Kompetenz
- ❑ Mitgefühl
- ❑ Optimismus
- ❑ Qualität
- ❑ Sorgfalt
- ❑ Spiritualität
- ❑ Termintreue
- ❑ Verantwortungsbewusstsein
- ❑ Verbindlichkeit
- ❑ Zuverlässigkeit
- ❑ ...

Kennen Sie das „Leuchtturm-Prinzip"? Es besagt, dass Sie nur eindeutige Signale aussenden und gut sichtbar wie ein Leuchtturm in der Brandung stehen müssen, um die zu Ihnen passenden Kunden anzuziehen. In ihrem gleichnamigen Buch überschreiben die Amerikanerinnen Stacey Hall und Jan Stringer das erste Kapitel mit „Bleiben Sie Ihrem Leitbild treu" und erklären: „Wir sind überzeugt, dass die meisten erfolgreichen Unternehmen mit der Leidenschaft und Mission eines Einzelnen begannen: neue Informationen zu verbreiten, ein besseres Produkt herzustellen, eine neue Sichtweise zu bieten, zur Kultur beizutragen. Erfolgreiche Unternehmen sind erfolgreich, weil sie ihrem Leitbild treu bleiben." In der Tat spielt es eine immens große Rolle für Ihren langfristigen Unternehmenserfolg, welches Leitbild Sie und Ihre Mitarbeiter verinnerlicht haben. Deshalb meine Empfehlung: Nehmen Sie sich Zeit, über Ihre Visionen und Werte, Ihre Leitsätze und Ihr Motto gründlich nachzudenken.

Leitsätze

Damit Ihr Leitbild nicht zu vage und schwammig wird, brauchen Sie konkrete Leitsätze mit Grundsatz-Charakter für ausgewählte Verhaltensbereiche. Im Kapitel Corporate Behaviour gehe ich noch genauer auf das Verhalten von Unternehmensleitung und Mitarbeitern ein. Beziehen Sie die Anregungen in Ihre Leitbild-Entwicklung ein.

Mit Leitsätzen sind Statements gemeint, mit denen Sie folgende Frage beantworten:
Wie wollen Sie mit Ihren Bezugsgruppen umgehen?
- mit Ihren Mitarbeitern
- mit Bewerbern
- mit Ihren Kunden
- mit Lieferanten
- mit Kooperationspartnern
- mit Journalisten

  ...

Oder anders gefragt:
Wie wollen Sie mit folgenden Aufgaben umgehen?
- mit Führung
- mit Hierarchien
- mit Weiterbildung
- mit Familienfreundlichkeit
- mit Beschwerden

- mit Garantien
- mit Rechnungen
- mit Mahnungen
- mit Umweltschutz
- mit sozialer Verantwortung
- mit Gesundheitsschutz
- mit Wachstum
- mit Investitionen
- mit Akquise
- mit Entwicklungen neuer Leistungen
- mit Innovationen beim Geschäftsmodell
- mit Preisverhandlungen
- mit der Auswahl der Kunden

  ...

Sie können all diese Bereiche abdecken oder nur diejenigen, die Ihnen relevant erscheinen. Wenn Sie zum Beispiel schreiben: „Wir sehen Beschwerden als Chance für Verbesserungen. Wir hören dem Kunden gut zu und finden eine gute Lösung", dann formulieren Sie Ihr Ideal im Umgang mit Beschwerden und geben Ihren Mitarbeitern eine Richtschnur an die Hand. Das muss wie gesagt noch nicht immer völlig der Realität entsprechen, aber Sie streben es gezielt an.

Mit dem in der Liste zuletzt genannten Punkt „Auswahl der Kunden" meine ich folgende Überlegung: Akzeptieren Sie jeden Kunden oder lehnen Sie auch welche ab? Das bezieht sich in erster Linie auf Dienstleister, die ihre Kunden eins zu eins beraten. Vielleicht können Sie einmal einen Kunden aus zeitlichen Gründen nicht bedienen oder „die Chemie" scheint nicht zu stimmen. Wie wollen Sie damit umgehen? Haben Sie vielleicht Partner, bei denen der Kunde zu einem gegebenen Zeitpunkt besser aufgehoben wäre? In den meisten Fällen begrüßen Sie jeden Kunden sicherlich mit offenen Armen. Ich denke aber, die Frage „Darf ich Kunden ablehnen?" muss erlaubt sein.

Ihr Leitbild hilft Ihnen dabei, gute Entscheidungen zu treffen.
So hat es auch die Besitzerin eines Geschäfts für Kindermöbel erlebt. Das Geschäft bestand schon einige Jahre, bevor es in eine finanzielle Krise geriet. Der Laden hatte einen guten Ruf, galt als Garant für Qualität und gute Beratung. Dennoch: Eines Tages kamen die Kunden für die hochwertigen, oft handgearbeiteten Möbel seltener und vor allem kauften sie seltener. Die Ladeninhaberin war mit der Vision angetreten, Kindermöbel aufzuwerten und hohe Qualität bei der gesamten Ware (moderne und antike Stücke) zu gewährleisten – möglichst auch für kleinere Geldbeutel. Daher hatte sie ihre Preise äußerst knapp kalku-

liert. Daher stand sie oft selbst in der Werkstatt und besserte einzelne Möbelstücke nach oder wertete sie durch einen Anstrich auf.

Dennoch kam es zu einem Umsatzeinbruch. Die Besitzerin stellte sich die Frage: Soll ich auch günstigere und qualitativ geringwertige Ware in mein Sortiment aufnehmen? Sie tat es zwar nicht bei Möbeln, aber bot preiswerte und nicht sehr hochwertige Mitbringsel wie Kinderspielzeug an, um die Umsatzrückgänge wenigstens etwas abzufedern. Einige Zeit später gab sie diese Strategie wieder auf. Denn es brachte nicht wirklich mehr Geld in die Kasse und vor allem hatte die Inhaberin das Gefühl, dass sie kaufkräftige Interessenten für Kindermöbel damit eher abschreckte. In der Tat waren die Botschaften „hochwertige Kindermöbel" und „billiges Spielzeug" zu widersprüchlich, um akzeptiert zu werden. Es entstand ein Bruch in der Identität, die mit dem Wert „hohe Qualität" verbunden war. Das Besinnen auf die eigene Unternehmensidentität schaffte diese Irritation schließlich wieder aus der Welt.

Richtig bergauf ging es dann mit dem Kindermöbel-Geschäft wieder, als die Inhaberin eine sehr kluge Personalentscheidung traf. Statt wie bisher junge Studentinnen in den Verkauf einzubinden, gab sie das Stellengesuch „Verkäuferin 40 plus gesucht" auf. Eine 54-jährige, erfahrene Verkäuferin wurde eingestellt und das Blatt wendete sich. Saßen früher die Studentinnen mit einem Buch oder ihrer Hausarbeit im Laden, um sich gelegentlich von der Kundschaft „stören" zu lassen, führte jetzt die 54-Jährige Verkaufsgespräche nach allen Regeln der Kunst. Sehr positiv kam bei den Kunden an, dass die Verkäuferin selbst Erfahrung mit Kindern und auch Enkelkindern hatte. Die Beratung fiel entsprechend persönlich und fundiert aus. Natürlich waren die Kosten für die ältere Mitarbeiterin höher als bei einer Studentin. Doch das Setzen auf Qualität zahlte sich aus.

Motto

Mit einem Motto – oder Slogan, wenn Sie es nach außen kommunizieren wollen – bringen Sie Ihre Identität kurz und bündig auf den Punkt. Sprachlich ist es nicht ganz einfach, einen werbewirksamen Slogan zu entwickeln. Sie kennen sicher einige Slogans von Automarken:

- Wir leben Autos – Opel
- Das Auto – Volkswagen
- Volvo for life – Volvo
- Vorsprung durch Technik – Audi
- Freude am Fahren – BMW

An diesen eingängigen Sätzen haben Werbeprofis lange getüftelt und sich viel Geld dafür zahlen lassen. Probieren Sie es aus. Suchen Sie nach einem treffenden Motto oder Slogan für Ihre Unternehmensidentität.

Was soll im Leitbild stehen? — Checkliste

Sie entscheiden, wie ausführlich oder kurz Ihr Leitbild ausfällt. Die folgende Liste können Sie entweder komplett abdecken oder Sie nehmen sich nur die für Sie relevanten Punkte heraus.

- ❑ Wer sind wir?
- ❑ Was ist unsere Unternehmensvision?
- ❑ Was ist der Zweck des Unternehmens?
- ❑ Was ist unser wichtigstes Anliegen? Was wollen wir erreichen? Wozu gibt es uns?
- ❑ Für wen sind wir da? Wer ist unsere Zielgruppe?
- ❑ Welche Produkte / Leistungen bieten wir an?
- ❑ Mit welchen Methoden arbeiten wir?
- ❑ Welche Werte und Prinzipien sind für uns wichtig?
- ❑ Wie benehmen wir uns untereinander?
- ❑ Was prägt unsere Unternehmenskultur?
- ❑ Wie benehmen wir uns gegenüber unseren Bezugsgruppen?
- ❑ Was wollen wir bei unseren Bezugsgruppen erreichen?
- ❑ Was sind unsere Grundwerte?
- ❑ Wo setzen wir in Zukunft unsere Schwerpunkte?

Fragen Sie sich: „Was macht mein Unternehmen im Kern aus?", fassen Sie es in kurze, eingängige Begriffe und formulieren Sie so, dass die Botschaft verstanden werden kann.

Gestalten Sie Ihr Leitbild realistisch, aber zukunftsweisend. Idealerweise stimmen irgendwann Anspruch und Wirklichkeit völlig überein. Aber wir leben nicht in einer idealen Welt. Anders ausgedrückt: Nobody is perfect. Das Leitbild soll Sie anspornen, Ihre Werte in der Realität zu leben. Wenn das nicht immer gelingt, ist das kein Problem. Es gar nicht erst zu versuchen, dagegen schon.

Leitfaden — Leitbild entwickeln – der Prozess

Sie als Inhaber des Unternehmens sollten in dem Prozess der Leitbild-Entwicklung die Initiative ergreifen und vorangehen. Letztlich geht es aber darum, das Leitbild mit Ihren Mitarbeitern abzustimmen. Geben Sie es bitte nicht einfach als Dogma vor. In der Praxis hat es sich bei kleinen Unternehmen bewährt, wenn der Inhaber / die Inhaberin zunächst für sich selbst überlegt, was im Leitbild stehen soll. Anschließend können die Inhalte mit den Mitarbeitern diskutiert werden.

Der mögliche Ablauf:

- Legen Sie den / die Hauptverantwortlichen für den Erstellungsprozess des Leitbildes fest.
- Wer soll an der Erstellung des Leitbildes mitwirken? (Alle festen Mitarbeiter/-innen? Freiberufler, Kooperationspartner, Ehrenamtliche?)
- Wie oft wollen Sie sich treffen? Wie sammeln Sie die Antworten auf die Fragen nach Vision und Werten und Leitsätzen?
- Wer wird bei den Treffen Protokoll führen und die Ergebnisse aufschreiben?
- Wie viel Zeit nehmen Sie sich insgesamt für die Erstellung des Leitbildes? Bis wann soll es fertig sein?
- Wer formuliert das Leitbild?
- Wie wollen Sie das Leitbild darstellen beziehungsweise aufbereiten?
- Wer soll für die Kommunikation des Leitbildes nach innen und außen verantwortlich sein?

Instrumente des Corporate-Identity-Managements

Nachdem Sie sich über Ihre Vision und Leitidee klar geworden sind, können Sie dafür sorgen, dass Sie auch von außen so wahrgenommen werden, wie Sie sind und sein wollen. Die Instrumente der Corporate Identity dienen der gezielten Steuerung Ihrer Entwicklung und helfen, Ihr Image aufzubauen und zu pflegen.

Was gehört zum Corporate Design?

Corporate Design ist Ihr Instrument, mit dem Sie alle visuellen Botschaften, die Ihr Unternehmen aussendet, in einen Zusammenhang bringen. Sie sorgen dafür, dass Ihr Außenauftritt wie aus einem Guss wirkt.

Ihr Erscheinungsbild setzt sich u.a. aus folgenden Elementen zusammen:

- Wort-Bild-Marke beziehungsweise Bildmarke (Logo)
- Typografie: Schriften
- Farben
- Images: bewegte und unbewegte Bilder
- Kommunikationsdesign: sämtliche gedruckten und digitalen Materialien
- Industriedesign: Verpackungen
- Architektur: Außen- und Innenarchitektur

Damit haben Sie eine Übersicht über „Transportmittel", mit denen Sie Ihr Corporate Design – Ihr einheitliches äußeres Erscheinungsbild – vermitteln können. Im Kapitel III stelle ich einige davon genauer vor und wäge ab, worauf kleine Unternehmen bei ihren Materialien achten sollten.

Worum geht es beim Corporate Behaviour?

Bei dem Instrument Corporate Behaviour geht es um das eigene Verhalten und das Ihrer Mitarbeiter. Ich siedele hier auch Ihr Verhalten in Bezug auf die Unternehmensführung, insbesondere das Weiterentwickeln von Geschäftsmodellen und Vermarktungsstrategien, an.

- Intern
  Verhalten der Unternehmensleitung und der Mitarbeiter untereinander

- Extern
  Verhalten gegenüber Kunden, Lieferanten, Kooperationspartnern, Bewerbern, Journalisten etc.

- Unternehmensführung
  Verhalten in Bezug auf Geschäftsmodelle und Marketing (hier: Produkt, Preis, Platzierung)

Kapitel IV geht auf alle drei Bereiche ein.

Welche Möglichkeiten bieten Corporate Communications?

Das Instrument Corporate Communications ermöglicht Ihnen, auf vielfältige Weise intern wie extern zu kommunizieren.

Sie steuern damit

- Ihre Akquise
- Ihre Werbung
- Ihre Öffentlichkeitsarbeit (PR)
- Ihre Mitarbeiter-Kommunikation

Im Kapitel V erfahren Sie mehr über die Kommunikationsmittel, die für kleine Unternehmen besonders nützlich sind.

Interview mit Dr. Björn Migge, Inhaber von „Dr. Migge Seminare"

Dr. Migge Seminare ist ein Weiterbildungsinstitut in Porta Westfalica in Ostwestfalen-Lippe. Es hat sich auf Coaching-Ausbildungen in Form von Präsenzseminaren und Fernkursen spezialisiert. Geleitet wird das Institut von Dr. med. Björn Migge. Er ist Autor des Buches „Handbuch Coaching und Beratung". Das Weiterbildungsinstitut hat für sich ein Leitbild entwickelt, das von jedem eingesehen werden kann. Im Internet ist es zu finden unter www.drmigge.de, *und zwar unter dem Menüpunkt Kontakt/Leitbild und Impressum.*

Herr Dr. Migge, seit wann gibt es Ihr Unternehmen, wie hat es sich entwickelt?
2004 fingen meine Frau und ich alleine an. 2005 unterstützten uns drei Trainer. 2009 haben wir ein Team von 21 Personen.

Wie sind Sie an den Prozess, ein Leitbild zu entwickeln, herangegangen?
Unser Leitbild haben wir allein entworfen. Über die ersten Jahre haben wir uns immer wieder darüber ausgetauscht, was uns wichtig ist und uns wirklich am Herzen liegt.

War es schwierig, sich auf die Aussagen zu einigen?
Das „i-Tüpfelchen" – wenn ich ehrlich bin – haben meine Frau und ich jeweils aufgesetzt und mit der Auswahl der Kolleginnen und Kollegen, von denen wir ja dachten, dass sie unsere Werte teilen, haben wir sicher schon eine gewisse Linie vorgegeben. Der Kern der meisten Aussagen wurde so lange in der Trainerrunde gewendet und besprochen, bis wir zu den Aussagen alle begeistert (oder bei wenigen Einzelformulierungen einige wenige nur nett nickend) ja gesagt haben.

Wie gehen Sie mit dem Leitbild im Alltag um? Wie füllen Sie es mit Leben?
Wir veröffentlichen es auf unserer Website und alle unsere Seminarkunden können und sollen es vor den Seminaren lesen. Die machen uns dann darauf aufmerksam, wenn es Abweichungen gibt oder wir etwas anderes vorleben, als wir im Leitbild anpreisen. Dann gibt es bei uns ehrliche und offene Diskussionen.

Es steckte ja eine Menge Arbeit in dem Prozess. Was hat er Ihnen unterm Strich gebracht?
Unser Team fühlt sich zu diesen Werten und Ideen hingezogen. Das eint uns und schafft die Plattform, auf der wir unsere Arbeit bewerten und achten. Und wir haben auch viele Rückmeldungen von Seminarkunden: Die kommen ganz gezielt zu uns, weil sie die Werte aus dem Leitbild in der Internetpräsenz finden, im Auftreten, im Handbuch Coaching und Beratung, in den Fernkursen ... Das wirkt echt. Und so fühlt sich das für uns auch an. *(Interview mit Dr. Migge)*

Leitbild

Werde also nicht müde, deinen Nutzen zu suchen, indem du anderen Nutzen gewährst. *Mark Aurel*

Mission:

Mit unserer Arbeit verdienen wir unser Auskommen: Wir streben Gewinn in vielfältiger Form an. Unsere Arbeit soll in diese Welt mehr Frieden, Entfaltungsmöglichkeiten und Wohlergehen bringen. Wir gehen mehrere Wege, um dies zu ermöglichen. Einer davon ist, dass wir 10-20% der Einnahmen aus unserem Unternehmen mit Menschen teilen, die nichts haben – außer der Hoffnung auf Hilfe.

Feld:

Wir sehen, dass viele Menschen und Organisationen auf der Suche nach Orientierung und positiver Veränderung sind. Für viele kristallisiert sich die innere Vorstellung und Vision solcher Veränderung aktuell in dem Wort „Coaching". Diese Menschen möchten zum einen lernen „andere Menschen" zu beraten, zum anderen möchten Sie sich selbst entwickeln. Um den Begriff Coaching herum bewegen sich viele Personen, die Freude an guten Veränderungen im Bereich Mensch / Individuum ↔ Organisation / System haben.

Zweck:

Für diese Menschen bieten wir spannende und erlebnisorientierte Fortbildungen, Weiterbildungen und Ausbildungen im Feld Coaching an. Unsere Kunden können dabei zwischen verschiedenen didaktischen Wegen, Intensitätsstufen, Preisstufen und angestrebten Abschlüssen wählen: Fernkurse mit Kurzseminar, Aufbau- und Fachseminare für Coaches, Integrative Coach-Ausbildung (ICA), Business-Coach-Ausbildung (IHK).

Kunden:

Unsere Seminarkunden kommen aus ganz Deutschland zu uns nach OWL (Ostwestfalen Lippe). Manche kommen aus anderen Staaten zu uns. Unsere Seminarkunden stehen im Mittelpunkt: Sie sollen sich bei uns wohl fühlen, sollen sich angeregt und bewegt fühlen, sollen nachhaltig lernen und sich entwickeln können. Wir begegnen unseren Kunden auf Augenhöhe und nehmen ihre Wünsche und Bedürfnisse ernst. Unsere Kunden wissen oder ahnen, dass sie sich selbst entwickeln möchten, bevor sie andere Menschen (in Organisationen) beraten. Unsere Hauptzielgruppe sind Menschen über 25 Jahren, die einen großen Wunsch nach Veränderung, Sinn, innerer Haltung und Werteorientierung haben. Es sind nicht so sehr Menschen, die ausschließlich „Tools" lernen möchten. Unsere Kunden sind zum größten Teil Einzelpersonen und Selbstzahler: Personen, die sich aus eigener Motivation auf die Suche nach einer Coach-Fort- oder Weiterbildung gemacht haben.

Fähigkeiten:

Wir haben Berufserfahrung, Trainingserfahrung, Therapieerfahrung, kaufmännische Kenntnisse, Organisationskenntnisse, Führungserfahrung... aus vielfältigen Perspektiven. Wir entwickeln unsere Kompetenzen, unser Wissen, unser Know-how in einem Prozess der gegenseitigen wertschätzenden Beeinflussung weiter, um diese Vielfalt an unsere Kunden weitergeben zu können. Wir vernetzen unsere Erfahrungen aus der Konzeption von Lehrgängen, aus der

Unsere „einfachen" Arbeits-Regeln im Kundenkontakt und in der Seminarorganisation

Die Praxis unserer Arbeit ist von einfachen Grundsätzen getragen:

1. Wir wollen Weiterbildungsteilnehmer/innen und Seminarkunden, die während und lange Zeit nach der Weiterbildung mit unseren Leistungen zufrieden sind und die davon nachhaltig in ihrem persönlichen und beruflichen Leben profitieren.

2. Der Maßstab für unsere Qualität ist die Rückmeldung unserer Weiterbildungs- und Seminarteilnehmer/innen. Ihr Urteil zählt.

3. Unsere Kunden beurteilen nicht nur die Qualität unserer Image- und Informationsträger, wie Bücher, Skripte, Fernkurse, Internetauftritt – sondern auch unsere Professionalität als Individuum, unsere Freundlichkeit und Mit-Menschlichkeit. Unsere Dienstleistungen „von Mensch zu Mensch" müssen sehr gut sein! Daher beraten, betreuen und lehren wir wertschätzend, kundenorientiert, freundlich, individuell und menschlich.

4. Zu Anfragen, Angeboten, Nachfragen, Beschwerden, Reklamationen... wird der Empfang schnell bestätigt und mitgeteilt, wann genau mit einer Klärung zu rechnen ist. Die Klärung wird sehr zügig und gründlich betrieben, um den Weiterbildungs- und Seminarkunden schnellstmöglich die gewünschte Antwort geben zu können. Die zugesagten Termine werden eingehalten.

5. Unsere Seminarteilnehmer/innen sollen – schon in E-Mails und Telefonaten – spüren, dass wir uns über die Zusammenarbeit und die Entwicklung von Menschen und ihren Potentialen freuen. Darum arbeiten bei uns nur Menschen, die verstehen, was Herzlichkeit bedeutet.

6. Wir nehmen unsere Fehler ernst und versuchen daraus zu lernen. Nicht nur Fehler, sondern mehr noch die Ursachen von Fehlern oder die Risiken zu Fehlern werden beseitigt.

7. Alle Mitarbeiter/innen und auch die freien Mitarbeiter/innen tragen an ihrem Platz zur Verwirklichung der Unternehmensziele und der Team-Qualitätsziele bei. Alle – von Auszubildenden bis zur Unternehmensleitung – leisten dabei gute Arbeit, die die Bedürfnisse unserer Kunden respektiert und sehr wichtig nimmt.

Auszug aus dem Leitbild des Unternehmens Dr. Migge Seminare
Im Internet vollständig zu finden unter www.drmigge.de – Menüpunkt: Kontakt
Unternehmen: Dr. Migge Seminare, www.drmigge.de

bkr Metallbau GmbH
Bauschlosserei | Kunstschmiede | Restaurierung

bkr Metallbau GmbH
Bauschlosserei | Kunstschmiede | Restaurierung

Farben

bkr-blau:
C 93, M 68, Y 18, K 4
R 0, G 84, B 138

bkr-hellblau:
C 35, M 20, Y 10, K 0
R 178, G 193, B 211

bkr-blau-grau:
C 8, M 5, Y 0, K 5
R 229, G 231, B 239

bkr-ocker:
C 0, M 20, Y 50, K 5
R 243, G 204, B 138

Schriften

AUdimat Regular, Bold, Italic und Bold-Italic
Kostenlos (freeware) herunter zu laden unter:
http://www.smeltery.net/fonts/audimat
Bold für Überschriften, Regular für Fließtext

Beschreibung

Das Logo besteht aus den Kleinbuchstaben bkr, gesetzt in der Schriftart AUdimat Bold. Die Schreibweise in Kleinbuchstaben wurde gewählt, um den potentiellen Kunden (Architekten und Designer) ein designbewusstest Unternehmen mit ästhetischem Anspruch zu signalisieren. bkr ist unkonventionell, beschränkt sich auf das Wesentliche und nimmt sich selbst gegenüber dem Auftraggeber und gegenüber der Arbeit zurück. Die Schrift AUdimat unterstreicht den harten, kantigen Charakter des Handwerkes und des Materials Metall.
Das Logo verstärkt seine Aussage als moderner Metallbaubetrieb im Zusammenspiel mit den Zusatzelementen, den blaugrauen, kantigen Flächen. Die Flächen sind stilisierte Formen einer abgekannteten Metallplatte und verweisen auf die bkr-typische Fertigungstechnolgie des Abkanntens. Der Ocker-Ton kommt als Sekundärfarbe zum Einsatz. Er ist einem Buntmetall entlehnt und sorgt für einen spannungsvollen Farbkontrast. Darüber hinaus steht dieser Farbton für die Tradition im Schmiedehandwerk.

Visitenkarten

Vorderseite

bkr Metallbau GmbH
Bauschlosserei | Kunstschmiede | Restaurierung

Matthias Fritsch
Betriebsleiter

T. 03366 / 15 38 01
F. 03366 / 15 38 01
M. 0172 / 39 12 381

Charlottenhof 7
15848 Beeskow

m.fritsch@bkr-metallbau.de
bkr-metallbau.de

Rückseite (ggf.)

Tradition trifft Innovation!

Antje Hartung Kommunikatives Design :: Telefon 030 61 50 77 36 :: Mobil 0160 91 666 805 :: hartung@antjehartung.de

bkr Metallbau GmbH

Bauschlosserei | Kunstschmiede | Restaurierung

Der Metallbaubetrieb BKR knüpft an traditionelle Handwerkskunst an und setzt gleichzeitig auf innovative Fertigungstechnologie. Denn das Unternehmen will handwerklich aufwändigen Kunstschmiedeaufträgen ebenso wie Aufträgen für eine Serienproduktion gerecht werden.

Das Logo erhält durch die besondere Schriftart einen kantigen und eigenwilligen Charakter. Die Kleinbuchstaben sollen den potenziellen Kunden (Architekten und Designern) ein designbewusstes Unternehmen mit ästhetischem Anspruch signalisieren. Dieser Eindruck wird verstärkt durch das Zusammenspiel mit weiteren Elementen, den blaugrauen, kantigen Flächen und den Kunstschmiedearbeiten, die hin und wieder im Hintergrund und als Bildmaterial auftauchen.

Unternehmen: bkr Metallbau GmbH, www.bkr-metallbau.de
Design: Antje Hartung, www.antjehartung.de

111 Corporate Design

Corporate Identity wird oft verwechselt mit Corporate Design (CD). Das einheitliche Design aller visuellen Ausdrucksformen eines Unternehmens ist ohne Frage ein sehr wichtiges Instrument des Corporate-Identity-Managements, aber bekanntlich nicht alles. Mit CD machen Sie die Identität Ihres Unternehmens sichtbar. Am optischen Auftritt sind Unternehmen oft am deutlichsten zu unterscheiden und am schnellsten wiederzuerkennen. Natürlich nur, wenn sich das CD tatsächlich von dem anderer Unternehmen unterscheidet. Zum Glück sind Grafik Designer höchst kreative Menschen, die aus den schier endlosen Möglichkeiten, ein Logo und gesamtes CD zu gestalten, für jedes Unternehmen eine individuelle Lösung finden.

Allerdings geht es nicht darum, einfach nur anders zu sein und aufzufallen. Ihr Corporate Design soll Ihre einzigartige Unternehmensidentität zum Ausdruck bringen. Deshalb mein Rat: Geben Sie die Schaffung und Weiterentwicklung Ihres CD auf jeden Fall in die Hände eines guten Grafik Designers. Aber machen Sie sich vorher Gedanken über die Botschaften und Ziele, die Sie mit Ihrem Design verfolgen wollen.

Wesentliche Elemente eines Corporate Designs

Beim Corporate Design geht es vor allem um folgende Aspekte:

- Logo (Wort-Bild-Marke bzw. Bildmarke)
- Farben
- Formen
- Typografie (Schriften)
- Kommunikationsdesign (sämtliche gedruckten und digitalen Materialien)
- Industriedesign (Verpackungen)
- Images (bewegte und unbewegte Bilder)
- Architektur (Außen- und Innenarchitektur)
- Kleidung (Berufskleidung, Uniformen, Messemode)
- CD-Manual (Gestaltungsrichtlinien)

Auf den folgenden Seiten finden Sie Antworten auf die Frage: Wie gehen kleine Unternehmen am besten mit CD um? Sie erhalten einen Überblick über die wichtigsten Materialien, die von kleinen Unternehmen genutzt werden. Ich möchte Ihnen einige pragmatische Tipps geben, die sich im Laufe meiner Jahre als Kundenberaterin in Agenturen bewährt haben. In den Hunderten von Büchern, die es über Corporate Design gibt, wird meist der idealtypische Umgang mit CD gelehrt. Ich bin auch damit einverstanden, stets höchstmögliche Qualität anzustreben. Zugleich weiß ich aber aus meiner Arbeit mit kleinen Unternehmen, dass es nicht immer nach Lehrbuch gehen kann, sondern dass oft gute, praxistaugliche Kompromisse gefragt sind.

Die folgenden Praxis-Tipps sollen keine individuelle Beratung ersetzen, sondern Sie informieren und inspirieren. Wenn Ihnen dadurch klarer wird, was es zu diskutieren und abzuwägen gibt, können Sie viel sicherer und fokussierter in Gespräche mit einem einzelnen Grafiker oder einer Agentur gehen.

Gastbeitrag Prof. Susanne P. Radtke

Ein Logo entwickeln oder aktualisieren

Für einen Beitrag über den Kern jedes Corporate Designs – über Logos – konnte ich eine erfahrene Designerin und Hochschullehrerin gewinnen. Susanne P. Radtke ist Diplom-Kommunikationsdesignerin und hat für viele kleine und mittelständische Unternehmen und Organisationen hervorragende CDs entwickelt und redesignt. Sie ist Professorin für Mediendesign an der Hochschule Ulm und Autorin des Standardwerks „Handbuch Visuelle Mediengestaltung“.

Sie benötigen ein neues Logo oder Sie möchten Ihr bereits bestehendes Logo aktualisieren?

Das sind zwei unterschiedliche Voraussetzungen, die Auswirkungen auf den gesamten Designprozess haben.

Bei einem Redesign werden Anpassungen an Zeitgeschmack und technologische Standards angestrebt, wenn das Logo „in die Jahre gekommen" ist. Falls sich das Image des Unternehmens nicht grundlegend verändert hat, ist eine mäßige Veränderung im Sinne eines sanften Relaunches der Formen und Farben sinnvoll. Aber auch wenn das Logo nur geringfügig verändert wird, müssen alle weiteren verwendeten Kommunikationsmedien daran angepasst werden, um einen einheitlichen Stil zu gewährleisten.

Bei einer Unternehmensneugründung wird meist ein neues Corporate Design benötigt. Ein CD umfasst viel mehr als nur die reine Gestaltung des Logos. Es legt Ihre CD-Basiselemente wie Ihre Hausfarbe und Hausschrift fest und beschreibt den visuellen Aufbau all Ihrer Kommunikationsmedien, sei es im Printbereich oder in Ihrem Webauftritt. Eine visuelle Klammer umfasst im besten Falle das gesamte Erscheinungsbild des Unternehmens. Gemeint ist ein roter Faden, der sich durch alle Kommunikationsmedien zieht und so zu einem einheitlichen und schlüssigen Auftritt nach außen und nach innen führt. Warum nach innen? Weil ein Erscheinungsbild erst authentisch und glaubhaft wird, wenn es auch Bestandteil der Unternehmenskultur ist. Das heißt, es werden so genannte Style-Guidelines auf die Firmenphilosophie abgestimmt.

Bleiben wir hier beim Logo-Design, das im Zentrum des CDs steht und das visuelle Zugpferd des Unternehmens bildet. Am Anfang steht oft die Entscheidung, ob das Logo eine Bildmarke, eine Wortmarke oder eine kombinierte Wort-Bild-Marke sein soll. Eine Bildmarke ist zum Beispiel der „Swoosh", der Schwung von Nike, oder der Mercedes-Stern. Eine Wortmarke ist zum Beispiel der Esprit-Schriftzug. Eine kombinierte Wort-Bild-Marke ist das neue Opel-Logo, da hier der Name Opel in das Firmenlogo, den so genannten Opel-Blitz, integriert wurde.

Eine Wortmarke hat den Vorteil, dass der Kunde gleich erkennt, um welche Marke es sich handelt. Er liest den Namen und muss nicht erst die Zuordnung von Bildmarke und Unternehmen erlernen. Im vorigen Jahr hat Daimler festgelegt, dass der Mercedes-Stern in den Werbemedien immer alleine steht. Das kann sich nur eine starke Marke mit hohem Bekanntheitsgrad und hoher Wiedererkennbarkeit leisten; so steht Mercedes bei den „Best Global Brands 2009", einer repräsentativen Studie von Interbrand, im internationalen Ranking auf Platz 12 und ist wertvollste deutsche Marke, gefolgt von BMW auf Platz 15.

Für Klein- und mittelständische Unternehmen ist eine gute Wortmarke nützlicher und kann ggf. mit einer Bildmarke flankiert werden. Wenn Sie sich für eine Wortmarke entscheiden, dann legen Sie bitte Wert auf eine passende und eigenständige Schrift. Es gibt Marken, die erkennt man nur an der Typografie: Coca-Cola, Nivea, Weleda und Marlboro.

Vorausgesetzt, Sie haben keinen Konzepter, der die Kommunikation mit der Kreation professionell abwickelt, wie würden Sie dem Designer beschreiben, was Sie gerne haben möchten? Oder würden Sie ihm einfach freie Hand und sich selbst überraschen lassen? Kreativität im Design ist zielgerichtet und deshalb ist es sinnvoll, sich vorab einige Gedanken zu machen. Welche Zielgruppen möchten Sie erreichen? Welche Assoziationen soll Ihr Logo hervorrufen? Vielleicht denken Sie an Begriffe wie innovativ, nachhaltig, einzigartig oder emotional. Damit sind Sie leider nicht alleine. Die große Mehrheit der Unternehmen wünscht sich eine auf Innovation und Nachhaltigkeit ausgerichtete Außenwirkung bzw. hat diese Schlüsselbegriffe in ihren Leitlinien verankert. Ein Alleinstellungs- und Unterscheidungsmerkmal ist also vonnöten.

Der Designer braucht möglichst konkrete Keywords, damit er diese in Bildwelten umsetzen kann. Dafür eignen sich Keyword-Paare wie „statisch – dynamisch", „technisch-konstruiert – organisch" und „klassisch – trendy".

Siehe Abbildung: statisch = Schwäbisch Hall / dynamisch = neues Pepsi-Logo / klassisch = UBS, Wollsiegel / trendy = Swisscom / technisch-konstruiert = Adidas / organisch = Tchibo.

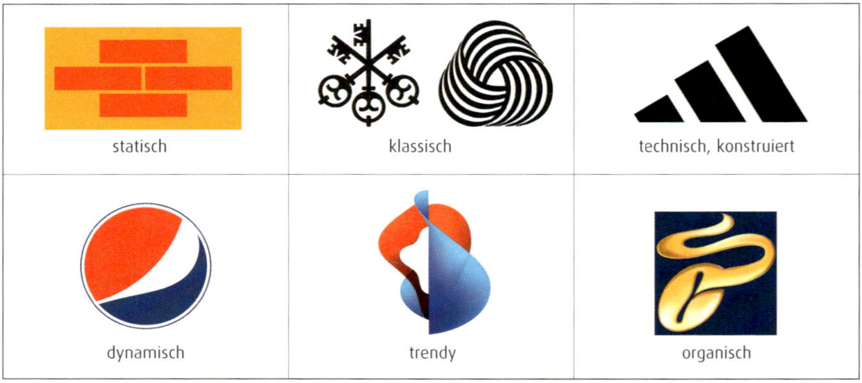

Logos, zusammengestellt von Susanne P. Radtke

Ihr Logo soll zum Beispiel auf jeden Fall dynamisch sein und darf nicht statisch wirken. Wenn Sie dann einige Logo-Entwürfe gesehen haben, sollten Sie überprüfen, ob Ihr Favorit die für Ihre Anforderungen relevanten formalen Qualitätskriterien erfüllt.

Logo-Qualitätskriterien

- ❑ Skalierbarkeit: auch klein gut darstellbar, ohne dass Details verloren gehen, beispielsweise für Visitenkarte oder Stempel
- ❑ Fern-, Kontrastwirkung: aus der Distanz und selbst Dämmerung gut zu erkennen, bei einem 2-farbigen Logo muss der Helligkeitskontrast unterschiedlich sein
- ❑ Hintergrundresistenz: auf einer Glasscheibe angebracht und dennoch stabil – auch bei wechselnden Hintergründen
- ❑ Positiv-, Negativumsetzung: sowohl auf weißem wie auf schwarzem Hintergrund stabil
- ❑ Eignung für Prägung, 3-D-Darstellung und 2-D und 3-D-Animation: bedenken Sie unterschiedliche Einsatzbereiche
- ❑ Systemkonformität: bei aller formalen Eigenständigkeit wird das Logo auf alle CD-Systemelemente wie Hausfarbe und -schrift abgestimmt

Weitere Kriterien beziehen sich auf die Bedeutung und die Aussage:

- Informationsgehalt: folgerichtige Assoziationen bezüglich der Branche, der Produkte / Dienstleistungen werden beim Betrachter ausgelöst
- Zielgruppenansprache: Lifestyle und Geschmack der Zielgruppe spiegeln sich in den Formen und Farben des Logos wider
- Langlebigkeit: die Formensprache ist klassisch, aber nicht zu modisch und trendy
- Aktualität: das Logo wirkt aktuell und nicht veraltet oder angestaubt
- Internationalität: es werden keine Zeichen oder Begriffe verwandt, die nur regional verständlich sind bzw. in anderen Sprachen unerwünschte Bedeutungen haben
- Imagekonformität: das Logo spiegelt die Unternehmensidentität wider
- Eyecatcher: ungewöhnliche und gleichzeitig prägnante Darstellung

Manche Unternehmen sind mit einem variablen Logo gut beraten, vor allem, wenn ein Sub-Branding vorgesehen ist wie bei Coca-Cola Zero oder wie bei der Fashion-Kernmarke BOSS mit den Submarken BOSS Orange und BOSS Green. Lassen Sie sich auf alle Fälle ausreichend Zeit mit der Findung und Festlegung Ihres Erscheinungsbildes. Eine spätere Veränderung des Außenauftrittes ist nur mit großem Aufwand umzusetzen.

(Gastbeitrag Prof. Susanne P. Radtke)

So machen kleine Unternehmen das Beste aus ihrem Corporate Design

Wie angekündigt, diskutiere ich jetzt einige Corporate-Design-Anwendungen im Detail. Dabei behalte ich im Blick, dass sie so kostengünstig und zugleich so wirksam wie möglich sein sollen. Kostengünstig nicht deshalb, weil ich glaube, dass kleine Unternehmen kein Geld in ein gutes CD investieren wollen. Sondern, weil wohl niemand Geld verschwenden will. Bedenken Sie aber, dass jede maßgeschneiderte und qualitativ hochwertige Dienstleistung ihren Preis hat. Billig ist prima, wenn es um industriell hergestellte Massenprodukte geht. Billig bei individueller Hand- und Kopfarbeit zahlt sich nicht aus.

Da so einige Sparfuchs-Tipps für kleine Unternehmen im Umlauf sind, gehe ich auf die Vor- und Nachteile typischer Sparvarianten ein. Im Übrigen: Was ist eigentlich ein kleines Budget – 100 Euro oder 1.000 Euro oder 10.000 Euro? Fakt ist, Corporate-Design-Materialien kosten Geld. Wie viel, kann nur eine individuelle Kalkulation bestimmen.

Kommunikationsdesign

Geschäftsausstattung (gedruckte und digitale Materialien)

Visitenkarte

- Bedeutung für Selbstständige und kleine Unternehmen:
  sehr wichtig
- Das soll eine gute Visitenkarte signalisieren:
  Sie vermittelt eine der simpelsten und wichtigsten Botschaften über Ihr Unternehmen. Sie lautet „Es gibt uns und wir sind erreichbar".
- Das gehört auf die Visitenkarte:
  - ❑ Logo
  - ❑ Firmenname
  - ❑ persönlicher Name
  - ❑ Funktion der Person
  - ❑ Anschrift und komplette Kontaktdaten
  - ❑ Internetadresse
  - ❑ ggf. Ihr Slogan oder nähere Erklärung des Firmenzwecks
- Sparmöglichkeiten:
  Blanko-Visitenkarte ohne persönlichen Namen: Macht ergänzend zu personalisierten Visitenkarten durchaus Sinn. Wenn Sie zum Beispiel häufiger wechselnde freie Mitarbeiter haben, für die Sie nicht jeweils eine individuelle Karte herstellen lassen wollen.
  Blanko-Visitenkarte ohne Anschrift: In Amerika gibt es einige Solo-Unternehmer, die auf die Anschrift und Kontaktdaten verzichten und nur schreiben: „google me". Klingt cool, aber allen, die kein äußerst internetaffines Business betreiben, rate ich davon ab.
- Tabu:
  Selbst gebastelte, schlampig gemachte Visitenkarten auf billigem Papier.

Geschäftsbogen / erste Seite

- Bedeutung für Selbstständige und kleine Unternehmen:
  sehr wichtig
- Das soll ein guter Geschäftsbogen / erste Seite signalisieren:
  Ihr Briefpapier macht sichtbar, dass Sie ein am Markt tätiges Unternehmen sind. Es transportiert Vertrauen in Ihre nachhaltige Geschäftstätigkeit.
- Das gehört auf den Geschäftsbogen / erste Seite:
  - ❑ Logo
  - ❑ Firmenname
  - ❑ persönlicher Name des Inhabers
  - ❑ Anschrift und komplette Kontaktdaten inkl. Internetadresse

- ❑ Steuernummer
- ❑ Bankverbindung
- ❑ Absenderfeld mit Anschrift auf Höhe eines Umschlag-Sichtfensters
- ❑ Markierungen für die Falzung
- ❑ ggf. Ihr Slogan oder nähere Erklärung des Firmenzwecks

- Sparmöglichkeiten:
  Veränderliche Daten selbst per Drucker einfügen: Diesen Tipp liest man mitunter in Ratgebern für „kleine Budgets".
  Vorteil: Sie können ständig mit Ihrem Büro umziehen und müssen dennoch keinen neuen Geschäftsbogen drucken lassen.
  Nachteil: Man wird erkennen, dass Sie Daten per Hand eingefügt haben. Das birgt die Gefahr, dass Ihr Unternehmen geizig, fast pleite oder einfach unprofessionell wirkt.
  Fazit: Ich rate meistens davon ab.
- Tabu:
  Zu dünnes, billig wirkendes Papier. Zu dickes Papier (Sie müssen es schließlich in Ihren Laserdrucker einlegen können).

Geschäftsbogen / zweite Seite

- Bedeutung für Selbstständige und kleine Unternehmen:
  wichtig
- Das soll der Geschäftsbogen / zweite Seite leisten:
  Die zweite Seite enthält keine veränderlichen Daten wie Anschrift, Kontonummer etc. und ist daher universal einsetzbar. Eine mit Ihrem Logo bedruckte zweite Seite zu verwenden, ist eleganter, als einen längeren Brief mit dem gedruckten Geschäftsbogen zu beginnen und auf neutralem Papier fortzusetzen. Ein Geschäftsbogen / zweite Seite ist sehr praktisch, wenn Sie zum Beispiel Präsentationen oder Handouts Ihres Unternehmens ausdrucken wollen. Die gedruckte zweite Seite ist wieder eine Gelegenheit, Ihr Firmenlogo zu zeigen.
- Das gehört auf den Geschäftsbogen / zweite Seite:
  - ❑ Logo
  - ❑ Firmenname
  - ❑ ggf. Markierungen für die Falzung
  - ❑ ggf. Ihr Slogan
- Sparmöglichkeiten:
  Komplett auf eine zweite Seite verzichten und stattdessen einen einfachen weißen Bogen nutzen.
  Vorteil: Spart die Druckkosten.
  Nachteil: Neutrales Papier weicht wahrscheinlich von dem Papier Ihres Geschäftsbogens ab (in Farbton und Gewicht).

Fazit: Die Kosten für eine zweite Seite fallen meist nicht sonderlich ins Gewicht. Ich empfehle daher meistens Geschäftspapier mit zwei Seiten.

- Tabu:
  Papier benutzen, das sich stark von der Papierqualität der ersten Seite unterscheidet.

Briefumschlag, zum Beispiel DIN lang mit Fenster

- Bedeutung für Selbstständige und kleine Unternehmen:
  nützlich
- Das sollen bedruckte Briefumschläge signalisieren:
  Mit Ihrem Logo bedruckte Briefumschläge signalisieren, dass Sie Wert legen auf eine Geschäftsausstattung aus einem Guss und dass Sie es sich leisten können.
- Das gehört auf bedruckte Briefumschläge:
  - ❑ Logo
  - ❑ Firmenname
  - ❑ ggf. Absender-Anschrift
    (falls kein Sichtfenster für Adressfeld vorhanden)
  - ❑ ggf. Slogan
- Sparmöglichkeiten:
  Handelsübliche neutrale Umschläge benutzen.
  Vorteil: Sie sparen die Gestaltungs- und Druckkosten.
  Nachteil: Sie müssen nach Umschlägen suchen, die der Anmutung Ihres Briefpapiers entsprechen.
  Fazit: Falls Sie viel Wert darauf gelegt haben, ein außergewöhnliches Papier für Ihre Geschäftsbögen auszuwählen (zum Beispiel besonderer Farbton, Wasserzeichen, Struktur etc.), wollen Sie das womöglich beim Briefumschlag konsequent weiterführen. Bedruckte Briefumschläge sind schön, müssen aber nicht sein.
- Tabu:
  Krasser Widerspruch zwischen Qualität des Briefpapiers und des Briefumschlags.

Adressaufkleber

- Bedeutung für Selbstständige und kleine Unternehmen:
  nützlich
- Das sollen Adressaufkleber leisten:
  Adressaufkleber können Sie für neutrale Briefumschläge aller Größen nutzen. Das ist praktisch, wenn Sie Unterlagen verschicken, bei denen das Adressfeld Ihres Geschäftsbogens nicht in einem Sichtfenster erscheint.

- Das gehört auf einen Adressaufkleber:
  - ❑ Logo
  - ❑ Firmenname
  - ❑ ggf. persönlicher Name des Inhabers
  - ❑ Anschrift
- Sparmöglichkeiten:
  Sie können natürlich auf Aufkleber verzichten und Ihre Anschrift per Hand auf Briefumschläge schreiben.
  Vorteil: Sie sparen die Gestaltungs- und Druckkosten.
  Nachteil: Sie müssen eine „vorzeigbare" Handschrift haben.
  Fazit: Für alle, die viel per Post kommunizieren (zum Beispiel große Werbebrief-Kampagnen planen), sind Adressaufkleber sehr nützlich.
  Außerdem können Sie Aufkleber ohne Adressangaben produzieren lassen.
  Vorteil: Sie müssen nichts neu drucken lassen, wenn sich Ihre Adresse ändert.
  Nachteil: Solche Aufkleber eignen sich ausschließlich zur „Markierung" von Materialien mit Ihrem Firmenlogo.
  Fazit: Aufkleber mit Ihrem Firmenlogo können nützlich sein, wenn Sie zum Beispiel Materialien Dritter benutzen können und signalisieren wollen, dass Sie den Flyer, die Broschüre, das Magazin etc. überreicht haben.
- Tabu:
  Bei reinen Logo-Aufklebern sollten Sie Ihre Internetadresse nicht vergessen. Das ermöglicht jederzeitige Kontaktaufnahme.

Firmenstempel

- Bedeutung für Selbstständige und kleine Unternehmen:
  kann sinnvoll sein
- Das sollen Firmenstempel leisten:
  Ein Stempel ist die kostengünstigere Alternative zum Adressaufkleber. Sie schonen die Umwelt, indem Sie Papier sparen. Die Anmutung ist allerdings recht speziell. Stempel sind in der Regel einfarbig und beinhalten kein Logo, sondern nur die Anschrift. Auf viele wirken Stempelaufdrucke ein bisschen bürokratisch. Stempel kennt man von Ämtern. Andererseits kann gerade der „amtliche" und etwas antiquierte Eindruck gewünscht sein.
- Das gehört auf einen Firmenstempel:
  - ❑ Firmenname
  - ❑ Anschrift
  - ❑ ggf. persönlicher Name des Inhabers
  - ❑ ggf. Logo
- Sparmöglichkeit:
  Der Firmenstempel an sich ist schon eine Sparmöglichkeit.

- Tabu:
  Firmenstempel nachlässig benutzen, so dass der Aufdruck schief oder verschmiert wird.

Standardbogen für interne Memos

- Bedeutung für Selbstständige und kleine Unternehmen:
  nützlich
- Das soll ein Standardbogen für interne Memos signalisieren:
  Ein mit Ihrem Logo bedrucktes Papier, das für die interne Verwendung gedacht ist, wertet Ihr Unternehmen nach innen auf. Sie können damit auch Ihre internen Mitteilungen standardisieren und vereinfachen.
- Das gehört auf einen Standardbogen für interne Memos:
  - ❑ Logo
  - ❑ Firmenname
  - ❑ ggf. Ihr Slogan
  - ❑ ggf. Memo-Kategorien
- Sparmöglichkeit:
  Sie können natürlich den Geschäftsbogen / zweite Seite für den internen Gebrauch nutzen.
  Vorteil: Sie sparen Gestaltungs- und Druckkosten.
  Nachteil: Der Geschäftsbogen ist für den Versand gedacht und wahrscheinlich ist das aufgrund von Falzmarken auch erkennbar. Damit signalisieren Sie also keine Aufwertung nach innen und standardisieren auch interne Memos nicht.
  Fazit: Für ein Unternehmen mit zum Beispiel 40 bis 50 Mitarbeitern kann ein Standardbogen für interne Memos sinnvoll und nützlich sein.
- Tabu:
  Krasser Qualitätsunterschied zwischen extern und intern genutzten Materialien. Lassen Sie beim internen Standardbogen das Motto gelten: Wenn überhaupt, dann richtig.

Mappe zur Präsentation von Informationen und Angeboten

- Bedeutung für Selbstständige und kleine Unternehmen:
  nützlich
- Das sollen bedruckte Mappen leisten:
  Eine Mappe, in die Sie Unterlagen wie Info-Blätter, Kostenangebote, Seminar-Programme, Flyer, CDs etc. einlegen können, wirkt hochwertig und ist vor allem für kleine Unternehmen, die Beratungsleistungen anbieten, sehr praktisch.

- Das gehört auf eine Mappe:
  - ❑ Logo
  - ❑ Firmenname
  - ❑ Anschrift und komplette Kontaktdaten
  - ❑ Internetadresse
  - ❑ ggf. Slogan
  - ❑ ggf. Einsteck-Schlitz für Visitenkarten
- Sparmöglichkeiten:
  Sie können auf handelsübliche neutrale Mappen ausweichen. Das bietet sich vor allem dann an, wenn Sie Mappen eher selten verwenden.
  Die Preise für individuell hergestellte Mappen variieren stark. Je mehr die Mappe fassen können soll (Umfang der einzulegenden Unterlagen), desto aufwändiger die Produktion. Sie wollen nicht, dass sich die aufgeklebte Einsteck-Lasche schon bei fünf eingesteckten Info-Blättern von der Mappe löst? Lassen Sie sich genau beraten und reklamieren Sie notfalls.
  Sie können auf den Einsteck-Schlitz für Visitenkarten verzichten.
  Vorteil: Geringere Produktionskosten.
  Nachteil: Sie müssen Ihre Kontaktdaten auf andere Weise mitliefern. Denn Ihre Visitenkarte mit einer Büroklammer mehr schlecht als recht anzuheften, ist keine gute Idee.
  Fazit: Wenn Sie meinen, die gleichzeitige Ausgabe Ihrer Visitenkarte mit der Mappe ist wichtig, dann verzichten Sie nicht auf den Einsteck-Schlitz.
- Tabu:
  Bei einer Mappe ist nicht nur der Druck wichtig, sondern auch die einwandfreie Verarbeitung. Schlampige Produktion, zum Beispiel mit sich ablösenden Einsteck-Laschen, zerstört den hochwertigen Eindruck einer bedruckten Mappe sofort wieder.

Empfehlungskarten

- Bedeutung für Selbstständige und kleine Unternehmen:
  kann für bestimmte Unternehmen sehr sinnvoll sein
- Das sollen Empfehlungskarten signalisieren:
  Eine Empfehlungskarte für den Versand mit der klassischen Aufschrift „Mit freundlicher Empfehlung" können Sie unterschreiben und Unterlagen beilegen, die Sie verschicken. Das ist eine nette Geste und erspart Ihnen, einen Begleitbrief zu schreiben.
  Eine spezielle Möglichkeit für Unternehmen mit viel Publikumsverkehr (Handel, Hotels, Gastronomie u.Ä.): Sie können Empfehlungskarten auslegen und Ihre Kunden auffordern, Ihr Angebot Freunden, Bekannten, Kollegen etc. weiterzuempfehlen.

- Das gehört auf eine Empfehlungskarte:
  Empfehlungskarte für den Versand
  - ❑ Logo
  - ❑ Firmenname
  - ❑ Anschrift
  - ❑ Aufschrift wie „Mit freundlicher Empfehlung" oder „Mit herzlichen Grüßen"

  Karte zur Empfehlung durch Kunden
  - ❑ Logo
  - ❑ Firmenname
  - ❑ Anschrift
  - ❑ ggf. Auflistung des Angebots
  - ❑ ggf. Lageplan
- Sparmöglichkeiten:
  Eine Empfehlungskarte für den Versand macht nur Sinn, wenn Sie relativ viel Schriftverkehr per Post haben. Bei der Karte zur Empfehlung durch Kunden könnten Sie stattdessen Ihre Visitenkarte auslegen.
  Vorteil: Sie sparen die Gestaltung und den Druck spezieller Empfehlungskarten.
  Nachteil: Visitenkarten haben in der Regel ein kleineres Format, als Sie bei einer Karte zum Auslegen wählen würden.
  Fazit: Wenn Sie viel Laufkundschaft haben, lohnt sich eine spezielle Karte zur Empfehlung durch Kunden, die auch eine Liste mit Ihrem Angebot enthält.
- Tabu:
  Ich halte es auch bei einer Empfehlungskarte für den Versand für eine verpasste Chance, auf die Anschrift zu verzichten.

Ordnungssysteme / Rückenbeschriftung für Ordner

- Bedeutung für Selbstständige und kleine Unternehmen:
  wichtig
- Das sollen Ordnungssysteme leisten:
  Die einheitliche Beschriftung aller Ordnungssysteme in einem Büro leistet zweierlei: Zum einen schaffen Sie damit eine gute Übersicht über Ihre Akten und erleichtern sich die administrative Arbeit. Zum anderen signalisieren Sie sich und Ihren Mitarbeitern: Unser Unternehmen ist es wert, dass wir auch intern unser CD befolgen.
- Das gehört zum Beispiel auf den Rücken von Ordnern:
  - ❑ Firmenname
  - ❑ ggf. Logo

    - Bezeichnung des Inhalts in einheitlicher Weise und Abfolge (zum Beispiel: Jahr, Monat, Thema, Details)
    - Widerspruchsfreie Verwendung von Schriften, Schriftgrößen, Ausrichtung etc.
- Sparmöglichkeiten:
  Sie können das „papierlose Büro" anstreben und nur das in Ordnern ablegen, was zwingend notwendig ist. Umso wichtiger wird ein konsequent verfolgtes Ablagesystem im Computer. Sie erleichtern sich das Leben, wenn das Ordnersystem und das System im Computer übereinstimmen.
  Vorteil: Ein Ablagesystem, das hauptsächlich digital erfolgt, spart Papierkosten und doppelte Ablage.
  Nachteil: Überwiegend digital abgelegte Informationen sind weniger sichtbar als die Infos in einem Ordner, den Sie schnell einmal durchblättern können.
  Fazit: Wie „papierlos" Sie Ihr Unternehmen führen, hängt von Ihren persönlichen Vorlieben und denen Ihrer Mitarbeiter ab. Wichtig ist ein konsequent verfolgtes System, damit Sie Ihre Unterlagen leicht finden können.
- Tabu:
  Bei allen Unternehmen, in denen Kunden Aktenordner etc. sehen können, während sie einen Termin wahrnehmen: schlampig wirkende Ordnungssysteme und allgemeine Unordnung.

Digitale Vorlagen für den Geschäftsverkehr (Rechnungen, Kostenangebote u. Ä.)

- Bedeutung für Selbstständige und kleine Unternehmen:
  nützlich
- Das sollen digitale Vorlagen leisten:
  Der Gedanke ist, Schreiben wie Rechnungen, Kostenvoranschläge etc., die Sie immer wieder versenden, in Bezug auf das Layout zu standardisieren. Damit keine zentralen Bestandteile vergessen werden und nicht jeder Mitarbeiter zum Beispiel eine Rechnung anders erstellt. Stattdessen müssen Sie nur aktuelle Inhalte in eine vorformatierte digitale Vorlage einfügen.
- Das gehört in digitale Vorlagen:
    - Festlegung von Seitenrändern, Zeilenabständen etc. (in Bezug auf Ihr Geschäftspapier/erste und ggf. zweite Seite bzw. auf neutrales Papier)
    - Festlegung von Schriften, Schriftgrößen, Ausrichtung etc.
    - Unveränderliche Überschriften und andere Textbestandteile (z.B. Überschrift: „Rechnung" sowie Tabelle zum Eintragen der Kosten)
- Sparmöglichkeiten:
  Keine Vorlagen erstellen und als feststehendes Muster abspeichern, sondern jeweils ein altes Dokument überschreiben.

Vorteil: Die einmalige Bequemlichkeit, sich nicht um eine Vorlage kümmern zu müssen.
Nachteil: Die wiederholte Unbequemlichkeit, ständig aufzupassen, ob sich beim Überschreiben nicht Unstimmigkeiten einschleichen.
Fazit: Wer bestimmte Schriftstücke immer wieder einsetzt, sorgt durch feststehende digitale Vorlagen für ein einheitliches Erscheinungsbild.

- Tabu:
  Ein und demselben Kunden völlig unterschiedlich layoutete Schreiben zuschicken.

Produktverpackungen / Tragetaschen

- Bedeutung für Selbstständige und kleine Unternehmen:
  für Unternehmen der Branchen Handel und Produktion zum Teil sehr wichtig
- Das sollen Produktverpackungen signalisieren:
  „Auf die Verpackung kommt es an" ist ein geflügeltes Wort geworden, wenn es ums Verkaufen von Produkten geht. Verpackungen im wörtlichen statt übertragenen Sinne liefern Schutz und eine Transportmöglichkeit für die enthaltene Ware. Aber sie können auch als Werbeträger dienen und bieten Unternehmen die Möglichkeit zu signalisieren: Diese Ware kommt von uns. Auch Dienstleister können ihre Leistungen gut verpacken. Zum Beispiel in einer individuellen Präsentationsmappe (siehe oben).
- Das gehört auf Verpackungen:
  - Firmenname
  - Logo
  - Anschrift
  - ggf. Slogan
  - ggf. ein Satz wie „Vielen Dank für Ihren Einkauf!"
  - ggf. Sonderaktion wie ein Gewinnspiel
  - ggf. Foto
- Sparmöglichkeiten:
  Sie können neutrale Verpackungen nutzen.
  Vorteil: Kostenersparnis. Außerdem sind neutrale Verpackungsmaterialien vielseitig verwendbar. Sie können darauf auch einen Aufkleber Ihres Unternehmens anbringen.
  Nachteil: Sie verpassen eine Werbemöglichkeit.
  Fazit: Für Unternehmen, die selbst produzierte Waren anbieten, sind CD-gemäße Verpackungen sehr zu empfehlen.
- Tabu:
  Individuelle Verpackungen, die unfreiwillig selbst gebastelt und unbeholfen wirken.

Schilder

- Bedeutung für Selbstständige und kleine Unternehmen:
  wichtig
- Das sollen Schilder signalisieren:
  Falls Sie kein Home-Office oder Online-Business betreiben, wird es ein Büro, ein Geschäft oder eine Werkstatt oder Produktionsstätte geben, an der Sie und Ihre Mitarbeiter arbeiten und gelegentlich oder häufig Kunden empfangen. Damit man Sie findet, brauchen Sie zumindest ein Schild an der Eingangstür. Schilder sind für jeden sichtbare Statements Ihres Unternehmens.
- Das gehört auf ein Schild:
  - ❑ Firmenname
  - ❑ Logo
  - ❑ ggf. Name des Inhabers
  - ❑ ggf. Slogan
  - ❑ ggf. Ortsangaben (Stockwerk u. Ä.)
  - ❑ ggf. Öffnungszeiten
  - ❑ ggf. Kontaktdaten
- Sparmöglichkeiten:
  Ideal ist, dass Ihr Logo farbig auf dem Schild zu sehen ist. Sie könnten sich aber zu einem schwarz-weißen Schild entschließen.
  Vorteil: Die Druckkosten sind niedriger. Sie gehen dem Risiko aus dem Weg, dass auf dem Schild nicht exakt Ihre Hausfarben getroffen werden.
  Nachteil: Die Wiedererkennung Ihres Logos wird erschwert.
  Fazit: Wägen Sie ab, was Ihnen wichtiger erscheint – die Image-Wirkung von Schildern oder geht es in erster Linie um ihren praktischen Nutzen?
- Tabu:
  Nicht zu Ende gedachte Angaben auf Schildern. Zum Beispiel dürfen auf einem Ladenschild die Öffnungszeiten nicht fehlen. Falls angegeben wird, dass ein Termin vereinbart werden soll, gehört eine Telefonnummer und / oder Internetadresse aufs Schild.

Raumgestaltung innen / außen

Innenraumgestaltung

- Bedeutung für Selbstständige und kleine Unternehmen:
  sehr wichtig
- Das soll Ihre Innenraumgestaltung signalisieren:
  Ihre Corporate Identity kommt bei der Innenraumgestaltung besonders subtil, aber spürbar zum Ausdruck. Wie Ihr Büro, Ihr Laden, Ihre Praxis, Ihre

Werkstatt gestaltet ist, hat auch Auswirkungen nach innen. Sie und Ihre Kunden sollen sich in den Räumen wohl fühlen.

- Das ist zu beachten:
  - Sie können die Innenräume Ihres Unternehmens gemäß Ihrem CD gestalten
  - Einfach und äußerst wirkungsvoll ist das Gestaltungsmittel Farbe
  - Achten Sie darauf, dass Ihre Hausfarben (Logo-Farbe) zum Einsatz kommen und nicht von zu vielen anderen Farben übertrumpft werden
  - Auch in Bezug auf Formen und Anordnung können Sie sich am CD orientieren
  - Generell soll die Gestaltung Ihrer Innenräume Werte und Identität Ihres Unternehmens widerspiegeln
- Sparmöglichkeiten:
  Es ist nicht teuer, zum Beispiel eine Wand in Ihrer Hausfarbe streichen zu lassen oder alle Büromaterialien künftig in einer Farbe statt in Kunterbunt anzuschaffen. Kostspieliger wird es beim Mobiliar. Sicherlich setzen Sie mit einer sehr hochwertigen Innenausstattung auch das Signal: „Unsere Leistungen sind sehr hochwertig". Die meisten kleinen Unternehmen müssen allerdings abwägen, wie erfolgsentscheidend solch ein Signal ist.
  Vorteil: Beim Mobiliar und bei der Dekoration lassen sich hohe Kosten einsparen.
  Nachteil: Wer zu billig einkauft, erhält Ware von geringerer Qualität und zahlt später drauf.
  Fazit: Hier muss jedes Unternehmen eine Balance finden.
- Tabu:
  Gestaltung nach dem Zufallsprinzip. Es lohnt sich immer, sich die Innenarchitektur seiner Unternehmensräume bewusst zu machen.

Schaufenster

- Bedeutung für Selbstständige und kleine Unternehmen:
  für Geschäfte: sehr wichtig
- Das sollen Schaufenster signalisieren:
  In Ihrem Schaufenster und in Auslagen setzen Sie Ihr Angebot in Szene. Vorhang auf und Bühne frei für Ihre Waren. Ihr CD spielt auch hier wieder eine bedeutende Rolle und gibt vor, wie Sie Ihr Angebot arrangieren, welche Farben und Formen Sie für die Dekoration und Beleuchtung nutzen.
- Darauf ist zu achten:
  Die Schaufenstergestaltung soll die Wertschätzung ausdrücken, die Sie sich von Ihren Kunden für die Ware wünschen.
  Sie soll mit der Anmutung Ihres Logos übereinstimmen.

- Sparmöglichkeiten:
  Eine „Dauerausstellung" in Ihrem Schaufenster.
  Vorteil: Sie sparen sich häufige Neugestaltung.
  Nachteil: Auslage kann irgendwann „verstaubt" wirken.
  Fazit: Je mehr Ihre Ware in die Kategorie „Muss man nicht haben, aber ist schön zu haben" fällt oder gar zu den Luxusartikeln gehört, desto mehr müssen Sie in schöne Schaufenstergestaltung investieren.
- Tabu:
  Eine saisonale Gestaltung (Frühjahr, Ostern, Sommer, Herbst, Winter, Weihnachten u. Ä.) präsentieren, wenn die Saison schon längst abgelaufen ist.

Ausstellungssystem

- Bedeutung für Selbstständige und kleine Unternehmen:
  kann nützlich sein
- Das sollen Ausstellungssysteme signalisieren:
  Ein Infostand für Messen und Tagungen, der gemäß Ihres CD gestaltet ist, erhöht Ihre Wiedererkennbarkeit und sendet Signale aus, die sagen: „Wir sind ein bedeutendes Unternehmen in dieser Branche".
- Darauf ist zu achten:
  Gute Druck- und Produktionsqualität
- Sparmöglichkeiten:
  Ein Messestand ist eine relativ hohe Investition, die sich nur für Unternehmen auszahlt, die regelmäßig auf Messen präsent sind und darüber einen Großteil ihrer Aufträge generieren. Wer zum ersten Mal auf eine Messe geht, kann auf die vorgefertigten neutralen Stände des Anbieters zurückgreifen.
  Vorteil: Sie sparen Gestaltungs-, Druck- und Produktionskosten.
  Nachteil: Sie haben eingeschränkte Möglichkeiten, Ihr CD am Stand zu präsentieren (Sie können eventuell nur ein Plakat aufhängen).
  Fazit: Ein individuell gestaltetes Ausstellungssystem vom Messebauer lohnt sich nur für Firmen, die oft auf Messen präsentieren.
- Tabu:
  Schief aufgehängte Plakate und fast herabfallende Transparente am Messestand.

Fahrzeug-Beschriftung

- Bedeutung für Selbstständige und kleine Unternehmen:
  kann nützlich sein
- Das sollen Fahrzeug-Beschriftungen leisten:
  Beschriftungen auf Fahrzeugen werden im öffentlichen Raum von jedem gesehen. Fragen Sie sich, ob das bei Ihrem Angebot nötig oder hilfreich ist. Wer

ausschließlich Business-to-Business-Dienstleistungen anbietet, dem bringt die Fahrzeug-Beschriftung nicht allzu viel. Die Streuverluste sind dann zu hoch. Denn im Straßenverkehr wird der Wagen nicht nur von Unternehmen der Zielgruppe gesehen, sondern auch von Müttern und Kindern, Omas und Opas und anderen Privatpersonen.

- Das gehört auf die Fahrzeug-Beschriftung:
  - Firmenname
  - Logo
  - ggf. Anschrift und Kontaktdaten, zumindest aber die Internetadresse
  - ggf. Slogan
  - ggf. Foto
- Sparmöglichkeiten:
  Wie bei den Schildern könnten Sie auf Ihre Hausfarbe verzichten und die Informationen nur in Schwarz-Weiß liefern. Wichtig wäre dann, dass das Auto oder der Lastwagen an sich eine zum Unternehmen passende Farbe hat.
  Vorteil: Einfarbiger Druck ist günstiger als 2- bis 4-farbiger Druck.
  Nachteil: Wenn das Fahrzeug selbst nicht eine neutrale (wie weiß) oder Ihre Hausfarbe hat, verpassen Sie die Chance, über Ihre Farbe(n) schnell wiedererkannt zu werden.
  Fazit: Beschriften Sie Ihre Fahrzeuge werbewirksam und Ihrem CD gemäß oder verzichten Sie lieber ganz darauf.

Umfangreichere Materialien für Ihre Kommunikation

Im Kapitel V Corporate Communications stelle ich Ihnen die Materialien vor, die kleinen Unternehmen bei der Kommunikation ihrer Angebote besonders gute Dienste leisten. Broschüren, Websites, Werbebriefe gehören dazu. Sie erfahren dort vor allem, worauf es beim Konzept, bei der Grundidee solcher Materialien ankommt. Selbstverständlich spielt immer auch das CD eine wichtige Rolle. Aufgezäumt habe ich meine Empfehlungen für Kommunikationsmaterialien aber nicht am visuellen Aspekt, sondern daran, was ich für den Knackpunkt halte: am Entwickeln der Inhalte und Texte. Zusätzlich muss das Design selbstverständlich dem CD entsprechen und so die Botschaften unterstützen, die Sie mit Broschüren, Websites & Co. vermitteln wollen.

Informationen zum Thema Kleidung, Styling, Stimme und Körpersprache finden Sie ebenfalls im Kapitel V.

Gestaltungsrichtlinien

In einem CD-Manual werden alle Details über Ihr CD festgelegt. Am besten lassen Sie das den Grafik Designer erstellen, der Ihr Logo und Ihre Grundausstattung entwickelt hat. Der große Vorteil solcher Richtlinien ist, dass Ihr CD auch funktioniert, wenn Sie in Zukunft mit anderen Designern zusammenarbeiten. Angenommen, Sie lassen Ihre Website von einem anderen Designer gestalten, so kann er oder sie auf die Regeln für Ihr Corporate Design zurückgreifen.

Ein Manual gibt Auskunft zu allen Aspekten Ihres CDs, vor allem:

- ❑ Farben
  (exakte Farbangaben nach HKS oder Pantone und/oder CMYK)
- ❑ Schriften
- ❑ Schriftgrößen
- ❑ Zeilenabstände
- ❑ Seitenabstände
- ❑ Positionierung des Logos
  (Abstände und Hintergründe)
- ❑ Verwendung von Bildern
- ❑ Muster für verschiedene Materialien

Natürlich ist auch ein CD nichts Statisches, sondern soll sich immer weiterentwickeln können. Alle zehn Jahre lohnt es sich, das Logo einer Prüfung zu unterziehen: Entspricht es noch unserer Corporate Identity, passt es noch zum Zeitgeist? Wenn die Antwort „Nein, nicht mehr so ganz" lautet, unterziehen Sie Ihr CD einem Relaunch und lassen es modernisieren, ohne den bewahrenswerten Kern zu verwässern. Auch das Coca-Cola-Logo wurde mit den Jahren verändert, um mit der Zeit Schritt zu halten. Aber zwischen früher und heute liegen keine Welten.

Kontrolle mit der VIVA-Formel

Wenn es um Ihr Corporate Design geht, können Sie die VIVA-Formel zum Beispiel beim Thema Redesign Ihres Logos nutzen. Alle fünf bis zehn Jahre ist eine Überprüfung angesagt. Fragen Sie sich:

V – Vision und Werte

- ❑ Bringt mein derzeitiges Logo noch immer meine Vision und Werte zum Ausdruck?
- ❑ Könnte ein überarbeitetes Logo Vision und Werte deutlich besser zum Ausdruck bringen?

I – Identität und Image

- ❑ Entspricht mein aktuelles Logo dem, wofür mein Unternehmen steht und wie ich wahrgenommen werden will?
- ❑ Könnte ein Logo-Redesign viel besser ausdrücken, wofür mein Unternehmen steht?

V – Verhalten

- ❑ Passt es zu der Art und Weise, wie ich mich verhalte / wie ich und meine Mitarbeiter uns verhalten?
- ❑ Lässt sich mit einem veränderten Logo mein / unser Verhaltenskodex klarer vermitteln?

A – Auftritt

- ❑ Wird das Logo positiv wahrgenommen und wiedererkannt? Passt es noch zur CI?
- ❑ Lässt sich mit einem modernisierten Logo die Außendarstellung verbessern?

Handeln Sie entsprechend, wenn Sie in allen oder den meisten der vier Bereiche den Eindruck haben, dass eine Veränderung Ihrem Unternehmen gut tun würde.

Angenommen, Sie haben ein Unternehmen, das Training für Multimedia-Software-Programme anbietet. Ihr Logo-Design wirkt nüchtern, sachlich und technisch. Das passte anfangs, als Sie überwiegend „technische" Programme unterrichtet haben, auch sehr gut. Inzwischen sagt Ihre Vision aber, dass Sie Kreativität und Design-Know-how fördern wollen (V – Vision). Dazu stehen Sie und so wollen Sie wahrgenommen werden (I – Identität). Sie bieten vermehrt entsprechende Kurse an. Also statt Programmiersprachen trainieren Sie nun zum Beispiel InDesign, Photoshop und andere Software für „Kreative" (V – Verhalten). Ihre Außendarstellung passt nicht mehr zu Ihrer neuen Identität (A – Auftritt). Der Bruch ist zu stark und ein Redesign Ihres Logos dringend nötig. Vielleicht auch ein (neuer) Slogan, der Ihr Selbstverständnis zum Ausdruck bringt.

Sie sehen: Mit der VIVA-Formel bekommen Sie ein komplexes Thema gut in den Griff. Wenden Sie es auch auf andere Fragen an, bei denen Sie eine Entscheidung treffen müssen. Gründer können zum Beispiel die Suche nach der idealen Farbe für ihr Unternehmen auf diese Weise angehen.

Interview mit Martina Josse, Mitinhaberin von „Großstadttiger"

Martina Josse und Claudia Dünow veranstalten in Berlin Ferienbetreuung für Kinder und weitere Events für Kinder. Kerngeschäft der „Großstadttiger" sind Programme während der Schulferien und in der Freizeit – Spaß und Abwechslung für Kinder zwischen 6 und 14 Jahren. Frau Josse ist Event-Managerin und Diplom-Kauffrau und Frau Dünow war früher als Arzthelferin tätig und ist Ergotherapeutin für Kinder. Ihr Angebot ist zu finden unter http://www.grossstadttiger.de

Frau Josse, erzählen Sie uns kurz, wie alles anfing mit den Großstadttigern. Hatten Sie eine lange Anlaufphase oder ging es gleich steil bergauf?
Ursprünglich hatten wir im Sinn, kreative Angebote für Kinder anzubieten, und zwar langfristig und als feste Institution mit täglichem Angebot. Dieser Wunsch wurde dann u. a. aufgrund eigener Ansprüche als Mütter modifiziert und kurzfristig umgesetzt. Wir entwickelten Angebote für Eltern, in den Ferienzeiten auf anspruchsvolle und spannende Aktivitäten zurückgreifen zu können. Zudem kennen Claudia und ich uns durch unsere Mütter schon seit über 35 Jahren und wollten unsere zwei Talente (Event-Management und Ergotherapie) „zusammenwerfen". Die Ferienbetreuung sollte eigentlich eine Testphase sein, um zu sehen, wie unsere Ideen grundsätzlich aufgenommen werden, deshalb konnten wir auch ohne große Vorplanung starten. Wir begannen mit einer kleinen Gruppe von zehn Kindern, zum Teil eigene Kinder oder Kinder von Freunden, einige waren auch schon unsere ganz offiziellen ersten kleinen Kunden. Als Räumlichkeit diente ein kleines Atelier einer Malerin in Kreuzberg, bei der meine Tochter einen Malkurs besuchte.

Dieses erste Programm wurde sehr gut aufgenommen. Mit dem darauf folgenden Internetauftritt waren wir einem weitaus größeren Interessentenkreis zugänglich und bekamen so unseren folgenden Termin schnell gefüllt (zehn Kinder). Also wagten wir den nächsten Schritt, nämlich die Anmietung größerer Räumlichkeiten ab Ostern 2007. Durch das Internet und die Verteilung von Flyern (gedruckte Postkarten) bekamen wir eine Gruppengröße von 20 Kindern gut gefüllt. Aus der Nachfrage heraus boten wir zu diesem Termin auch erstmals den zweiten Schwerpunkt – Sport – an (vormals nur Kreatives).

Was tun Sie für Ihre Kundenakquise und die Kundenbindung?
Im ersten Jahr gaben wir rund 100 Euro für eine Anzeigenschaltung bei Google aus. Eine – wie wir nun denken – nicht unbedingt Kunden bringende Variante. Die meisten Kinder kommen zu uns, weil Familien von uns berichten (Mund-zu-Mund-Propaganda). Eigentlich reicht es aus, an einigen international ausgerichteten Schulen gut aufgenommen zu sein, dann füllen die Gruppen sich von selbst.

Zudem legen wir sehr schöne Postkarten an Orten aus, die unserer Meinung nach unsere Zielgruppen „abdecken". Kundenbindung: Bis Sommer 2009 hatten wir eine Ermäßigung für Wiederkehrer. Die Kinder erhalten von uns an ihrem Geburtstag eine Geburtstagskarte (das Motiv entwickeln wir jedes Jahr neu). Unser beliebtestes Event ist eine Weihnachtsaktion, bei der wir 30 Kinder in den Weihnachtszirkus Roncalli einladen. Dies ist etwas ganz Besonderes, das wir nur anbieten können, weil uns die Eintrittskarten von einem uns gegenüber sehr positiv eingestellten Unternehmen gesponsert werden (Ticket Online).

Es kommen aber auch immer wieder Kinder zu uns, weil die Eltern uns über das Internet als Ferienbetreuung gefunden haben. Grundsätzlich gilt Kinderbetreuung definitiv als „Geschäft", das geringe „Laufkundschaft" hat. Dies soll heißen, man überlässt seine Kinder doch selten jemandem, den man nicht kennt bzw. noch nicht ausprobiert hat. Somit kommen auch die meisten Familien zu uns, weil Freunde teilgenommen und tolle Dinge berichtet haben.

Sie nutzen bei Ihrem Logo und Design sehr schöne Zeichnungen von Tigern. Wie wichtig ist Ihnen Ihr Corporate Design?

Sehr wichtig. Gerade Kinder müssen Dinge wiedererkennen können, um sich in ihrer Umgebung wohlfühlen zu können. Den Tiger (und alle Ausdrücke um den Tiger herum) können wir sehr schön in unseren Texten benutzen (zum Beispiel „herumtigern"). Der Tiger wurde von einer befreundeten Grafik Designerin entworfen. Unser Grundwunsch war, etwas Kinderfreundliches zum Ausdruck zu bringen, das unsere verschiedenen Aktivitäten (Malen, Auskundschaften / Erforschen, Lesen ...) verbindet (auch: „Mit allen Sinnen Kind sein"). Und dieser Tiger kann auch unkompliziert wachsen, denn ab Ostern 2010 werden wir ein Programm für 13- bis 16-Jährige anbieten. Das wird dann „Big T(iger)" heißen. Mit separatem Logo, aber integriertem Internetauftritt. Das Logo wird ein bisschen cooler, ernster ... Die Aktivitäten werden dem Alter entsprechend interessant gestaltet (Fotografie, Video etc.).

Bei der Arbeit mit Kindern ist es ja besonders wichtig, wer mit den kleinen Kunden Umgang hat. Wie wählen Sie Ihre freien Mitarbeiter aus?

Grundsätzlich können nur Betreuer für uns tätig werden, die uns bekannt sind oder von Dritten empfohlen wurden. Hierbei ist für uns der berufliche Hintergrund eher sekundär, solange sich diese Person bei der Arbeit mit Kindern wohl und berufen fühlt. Anschließend sehen wir für jeden Betreuer eine Testphase während einer unserer Ferienwochen vor. Nach fünf Tagen wissen beide Seiten, ob wir zusammenpassen. Der potenzielle Betreuer weiß genau, wie wir arbeiten und was uns wichtig ist. Unsere Betreuer machen den wichtigsten Teil unserer Arbeit und unseres Erfolgs aus. Die Kinder werden warm aufgenommen, fühlen sich schnell wohl und freuen sich stets auf den nächsten Tag. Oft gibt es am letzten Tag dicke Tränen bzw. unsere Betreuer bekommen Einsätze als Babysitter.

Sie arbeiten mit einer ganzen Reihe von Partnern wie dem Berliner Bio-Supermarkt Biolüske und dem Atelier Farbsinn zusammen. Wie laufen die Kooperationen ab – haben Sie mit jedem Partner einen schriftlichen Vertrag?

Kooperationen im eigentlichen Sinne haben wir eher selten. Vielmehr „buchen" wir die fachlichen Kenntnisse der Leute bzw. ihre Aktivitäten für unsere Programme. So haben wir Chemiker, die für uns mit den Kindern wissenschaftliche Experimente durchführen. Oder wir gehen zu einem echten Berliner Maler in sein Atelier und malen mit ihm.

Unsere Talente liegen in der Organisation der Programme und der eigentlichen Betreuung der Kinder. Das Wissen, das darüber hinaus für die Gestaltung der Aktivitäten nötig ist, wird von uns also „eingekauft". Die Konditionen werden (im Idealfall) beim ersten Mal festgelegt, ab dem zweiten Mal wird dann nur noch der nächste Termin „gebucht". Wir haben Partner, bei denen wir eine Gruppenpauschale zahlen oder aber einen Preis pro teilnehmendes Kind. Über den Beitrag, den diese Leistungsträger für uns leisten hinaus entsteht keine Kooperation. Unsere Zusammenarbeit mit Biolüske fällt hier vielleicht ein wenig heraus, denn Biolüske empfiehlt uns gern an seine Partner und bucht uns für die Kinderbetreuung auf seinen Festen. Also eine „zweispurige Straße". Allerdings greifen wir gern immer wieder auf dieselben Partner zurück und haben mittlerweile ein recht ansehnliches Netzwerk bilden können. Wir merken auch schnell, wer anderseits nicht so zu uns passt.

(Interview mit Martina Josse)

Flyer der „Großstadttiger"
in englischer Sprache

Postkarte der „Großstadttiger"

Die Großstadttiger stehen vor allem für die Idee, Kindern Ferien- und Freizeit-Erlebnisse zu ermöglichen, die Sinn und Spaß kombinieren. Das wird auch durch das kindgerechte Design transportiert. Die Schrift in Verbindung mit der Tiger-Illustration ist Handarbeit. Beim gesamten Design fällt die Liebe zum Detail auf. Zum Beispiel werden die Weihnachts- und Geburtstagskarten jedes Jahr neu gestaltet.

Unternehmen: Großstadttiger, www.grossstadttiger.de
Design: 3 für Formgebung, Stefanie Jotzo-Neyenhuys, www.3formgebung.de

Briefbogen und Visitenkarte der „Großstadttiger"

Websites der
www.grossstadttiger.de

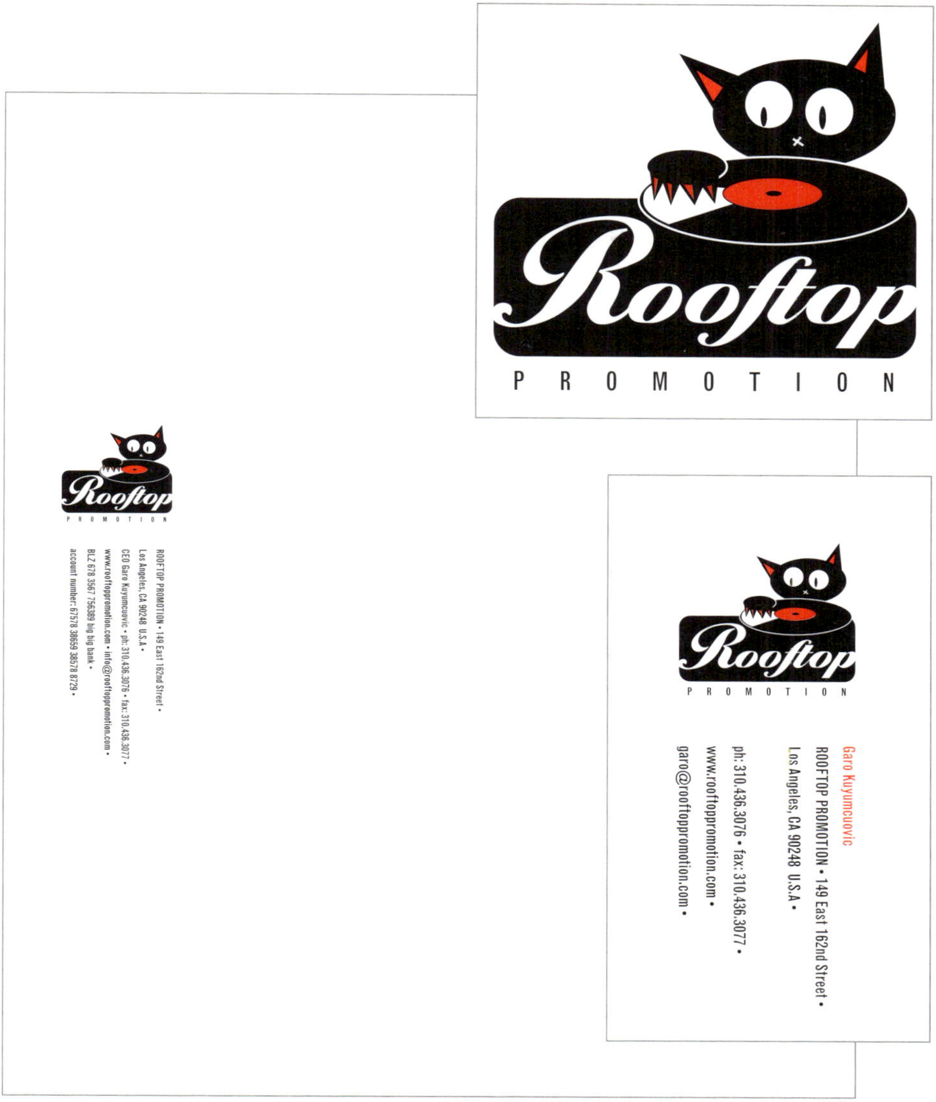

Beim amerikanischen Unternehmen Rooftop Promotion dreht sich alles um Musik, vor allem um Jazz. Das Design ist betont spielerisch. Vorgabe für die Designer war lediglich das Thema Katze – und nun war die Aufgabe, die Motive Katze und Musik zusammenzubringen. Rhythmus, Kreativität und Humor schwingen in diesem animierten Logo mit.

Unternehmen: Rooftop Promotion, www.rooftoppromotion.com
Design: fjorden design & konzeption, Ulrike Linkenheil, www.fjorden.de

Die Vereinbarkeit von Beruf und Familie ist das Thema des Solo-Unternehmens Regine Steinhauer – audit berufundfamilie. Die lizenzierte Auditorin der berufundfamilie gGmbH, Regine Steinhauer, betont mit ihrem klaren, kraftvollen Design, dass der Prozess eines Audits mit ihr gut strukturiert und erfolgreich abläuft. Die weinrote Farbe spielt bewusst auf die Hausfarbe der renommierten berufundfamilie gGmbH (www.beruf-und-familie.de) an.

Unternehmen: Regine Steinhauer – audit berufundfamilie,
www.steinhauer-audit.de
Design: konzept und gestaltung, Susanne P. Radtke, www.konzept-gestaltung.de

Steinhauer

audit beruf**und**familie

Tel. 030-69 59 23 16
Mobil 0163-739 49 41
info@steinhauer-audit.de
www.steinhauer-audit.de

Regine Steinhauer Dörchläuchtingstr. 14 12359 Berlin

GEWINNEN SIE MIT

FAMILIENSINN

Steinhauer

Lizenzierte Auditorin der beruf**und**familie gGmbH

Berliner Bank
BLZ 100 200 00
Konto. Nr. 30 40 09 13 18

Finanzamt Berlin Neukölln
Steuernr. 16/544/50062
Gerichtsstand Berlin

IV Corporate Behaviour

Stimmiges Verhalten macht ein Unternehmen vertrauenswürdig. Das bezieht sich auf alle Schnittstellen, die Sie mit der Öffentlichkeit haben. Letztlich ausschlaggebend für Ihre Identität und Ihr Image sind nicht Logos, Pressetexte und Anzeigen, sondern menschliches Verhalten. Zum Beispiel toleriere ich bei einer Ärztin meines Vertrauens einen etwas unbeholfen gemachten Flyer mit einem mittelmäßigen Logo und relativ wirren Auskünften. Unfreundliche Behandlung durch die Ärztin oder ihre Sprechstundenhilfen verzeihe ich dagegen nicht. Wenn beides stimmt – Flyer und Verhalten – umso besser.

Mit widerspruchsfreien Verhaltensweisen bauen Sie Vertrauen auf. Genau darum geht es bei Corporate Behaviour. Unabhängig davon, ob Sie einen oder fünfzig Mitarbeiter beschäftigen: Nur wenn Sie alle ins selbe Horn blasen, wird Ihr Unternehmen als in sich schlüssig erlebt.

Beim Corporate Behaviour geht es um das interne und externe Verhalten:

- Intern
  Verhalten der Unternehmensleitung und der Mitarbeiter untereinander
- Extern
  Verhalten gegenüber Kunden, Lieferanten, Kooperationspartnern, Bewerbern, Journalisten etc.

Auch für Solo-Selbstständige macht eine Beschäftigung mit dem Verhalten sich selbst und anderen gegenüber Sinn. Schließlich kann sich auch ein einzelner Mensch stimmig oder widersprüchlich verhalten.

Eigene innere Wert- und Zielkonflikte führen zu Zaudern und damit Energieverschleiß und zu verwirrendem Auftreten.
Die entscheidende Frage ist:
Wie verhalte ich mich und wie will ich mich verhalten?

- mir selbst gegenüber
- (freien) Mitarbeitern gegenüber
- Kunden gegenüber
- potenziellen Kunden gegenüber
- allen anderen (zum Beispiel Wettbewerbern, Lieferanten, Journalisten) gegenüber

Ideal ist, wenn Ihr tatsächliches Verhalten mit dem Verhalten übereinstimmt, das Sie für das beste halten. Meiner Erfahrung nach gibt es immer wieder Phasen, in denen die Lücke zwischen beidem recht groß sein kann. Es ist nun mal eine besondere Herausforderung, Gewohnheiten zu verändern. Nicht umsonst widmen sich Tausende von Selbsthilfe-Büchern diesem Thema.

Ein Beispiel: Angenommen, Sie nehmen sich vor, Kritik gegenüber Ihren Mitarbeitern künftig schneller, klarer und konstruktiver zu äußern. Bisher haben Sie Kritikgespräche lange vor sich hergeschoben und stattdessen irgendwann recht gereizte Spitzen abgelassen oder Sie sind sogar vor Wut geplatzt. Ihr neues Verhalten werden Sie erst eine Weile trainieren müssen, bevor das alte Muster nicht mehr auftritt. Kein Problem. Sie wissen ja: Nobody is perfect. Das Üben gehört dazu. Anfangs gelingt es Ihnen vielleicht nur selten, Ihr gewünschtes Verhalten umzusetzen. Nach einer Weile läuft es immer besser. So kommen Sie einem Leitsatz in Ihrem Leitbild näher, der lauten könnte: „Wir gehen sachlich und konstruktiv mit Kritik um". Entscheidend ist nicht, dass das immer hundertprozentig stimmt, sondern dass sich alle ernsthaft darum bemühen. Zur Farce würde so ein Leitsatz nur, wenn permanent dagegen verstoßen wird und diese Diskrepanz nicht auf den Tisch kommt.

Der bedeutendste Schritt zu einem stimmigen Verhalten ist, sich über das eigene Verhalten im Klaren zu sein. Sehr oft richten wir uns nach unbewussten Handlungsmustern. Indem Sie sich Ihre Verhaltensmaximen bewusst machen, haben Sie die Chance, zwischen „So ist es heute" und „Da will ich hin" eine Brücke zu bauen.

Wollen Sie in einigen Bereichen Ihr Verhalten ändern? Lassen Sie Ihre Überlegungen in Ihr Leitbild einfließen, falls Leitsätze zu diesen Punkten noch fehlen. Sie können durchaus schreiben „Wir streben an, allen Mitarbeitern regelmäßige Fortbildung zu ermöglichen", auch wenn Sie bisher kaum etwas für die Mitarbeiter-Fortbildung getan haben. Aber halten Sie fest, wie Sie diesen Vorsatz in die Tat umsetzen wollen. Sonst bleibt es beim Wünschen.

Sie und Ihre Mitarbeiter sind Ihre wichtigsten Ressourcen in Ihrem Unternehmen. Was Sie und Ihr Team denken, strahlen Sie aus und bekommen es zurückgespiegelt. Widersprüche fallen auf. Zum Beispiel: Halten Ihre Mitarbeiter, was Sie in der Werbung versprechen? Wenn Ihr Hotel-Prospekt damit wirbt, dass Ihre freundlichen Mitarbeiter für alles eine Lösung finden, und Ihr Empfangschef Sonderwünsche brummig abwimmelt, haben Sie ein Problem. Ein Problem mit Ihrer Corporate Identity. Die Glaubwürdigkeit Ihres Unternehmens hängt vor allem von stringentem Verhalten ab. Unglaubwürdig ist auch, wer als respektvoll und zuverlässig gelten will und einem Bewerber, der interviewt, aber nicht eingestellt wurde, seine Unterlagen nicht mit einem freundlichen Brief zurückschickt.

Wie verhalte ich mich? Checkliste

Intern

- ❑ Wie gehe ich mit meinen Mitarbeitern um?
- ❑ Was verstehe ich unter Führung?
- ❑ Wie vereinbare ich Ziele mit meinen Mitarbeitern?
- ❑ Welche Ansprüche habe ich an die fachliche Qualität?
- ❑ Wie definiere ich gute/schlechte Leistung?
- ❑ Welche Ansprüche habe ich an menschliche Qualitäten?
- ❑ Wie will ich mit Kritik und Konflikten umgehen?
- ❑ Welchen Stellenwert nehmen Punkte wie Familienfreundlichkeit, soziales Engagement, Umweltschutz ein?
- ❑ Welche Bedeutung hat Weiterbildung?

Extern

- ❑ Wie gehe ich mit Kunden, Lieferanten, Kooperationspartnern, Bewerbern, Wettbewerbern, Journalisten u. a. um?
- ❑ Welche Werte sind mir im Umgang mit den verschiedenen Bezugsgruppen wichtig?
- ❑ Wie behandle ich Beschwerden von Kunden?
- ❑ Welchen Maximen folge ich bei der Zahlung von Rechnungen?
- ❑ Wie transparent gestalte ich Arbeitsabläufe u. Ä.?
- ❑ Welche ‚Rechte und Pflichten' sehe ich Kooperationspartnern gegenüber?
- ❑ Wie handhabe ich Bewerbungsverfahren?
- ❑ Welchen Stellenwert nehmen Corporate Design und Corporate Communications ein?
- ❑ Welche Bedeutung haben regelmäßige Akquise und die Information der Öffentlichkeit?

Einheitliches Verhalten, das Ihren Werten entspricht, äußert sich in den vielen alltäglichen Handlungen. Lassen Sie uns solche „Kleinigkeiten" anhand einiger weit verbreiteter Werte genauer anschauen.

Was bedeutet „zuverlässig sein" für Sie/für jeden Ihrer Mitarbeiter?

- ❑ E-Mails innerhalb von ein bis maximal zwei Tagen beantworten
- ❑ tatsächlich zum angekündigten Zeitpunkt zurückrufen

- ❑ Liefer- und Abgabe-Termine einhalten
- ❑ pünktlich zu einer Besprechung kommen
- ❑ gut vorbereitet zu einer Besprechung kommen
- ❑ …

Was bedeutet „Qualität liefern" für Sie/für jeden Ihrer Mitarbeiter?

- ❑ sich Zeit nehmen für individuelle Beratung
- ❑ zuhören und sich in die Bedürfnisse Ihres Kunden hineindenken
- ❑ auf Fehlerfreiheit in schriftlichen Dokumenten achten
- ❑ Produkte aus den bestmöglichen Materialien und in bestmöglicher Verarbeitung herstellen
- ❑ Service mit hohem Engagement liefern
- ❑ …

Was bedeutet „verantwortungsbewusst sein" für Sie/für jeden Ihrer Mitarbeiter?

- ❑ Bewerber anhand nachvollziehbarer Kriterien auswählen
- ❑ Beschwerden von Kunden als Chance zu Verbesserungen sehen
- ❑ Führen durch offene, partnerschaftlich orientierte Kommunikation
- ❑ sachlich und fair bleiben bei Konflikten
- ❑ kontinuierlich Kundenbindung und Akquise betreiben
- ❑ …

Was bedeuten Ihre Werte konkret für Sie?

Die aufgeführten Punkte sind nur Beispiele und nicht als Soll-Liste gedacht. Entscheiden Sie sich und halten Sie Ihr Verhalten konsequent durch. Selbstverständlich gibt es immer Ausnahmen von Regeln. Alles andere wäre nicht menschlich und allzu zwanghaft. Wichtig ist nur, dass Sie bewusste Entscheidungen treffen. Eine Ausnahme lässt sich immer erklären und richtet keinen Schaden an. Wenn aber die eigenen Vorsätze kippen und zu Lippenbekenntnissen verkommen, wird es problematisch.

Indem Sie die obigen Fragen beantworten, haben Sie Argumente an der Hand, die auf eine viel konkretere und glaubwürdigere Weise Aussagen wie „Wir sind zuverlässig" oder „Wir liefern höchste Qualität" belegen. Solche allgemeinen Aussagen sind schon viel zu oft gesagt worden, um noch als interessant und überzeugend wahrgenommen zu werden. Wenn Sie stattdessen konkret werden und erklären, wie Sie an eine Arbeit herangehen, steigen Ihre Chancen, zum Beispiel bei potenziellen Kunden Gehör zu finden.

Kontrollieren mit der VIVA-Formel

Auch wenn es um Corporate Behaviour geht, können Sie wieder mit der VIVA-Formel arbeiten. Zum Beispiel bei der Frage: „Soll ich mich um diesen Auftrag bemühen/ihn annehmen?". Ich hoffe, Sie sind nicht der Ansicht, dass kleine Unternehmen jeden Auftrag um jeden Preis annehmen müssen. Im Gegenteil: Mitunter kann es Ihrer CI und damit Ihrem Unternehmenserfolg mehr dienen, einen Auftrag abzulehnen. Das tun Sie, wenn Sie mittel- und langfristig größere Vorteile in einem „Nein danke" sehen.

Angenommen, Sie bieten Marketing-Services für die Gesundheitsbranche und arbeiten überwiegend mit Heilpraktikern und Psychotherapeuten. Ihre Vision hat mit dem Unterstützen natürlicher, sanfter Heilmethoden durch gutes Marketing zu tun. Durch einen Bekannten erhalten Sie nun die Anfrage, für eine Schönheitschirurgie-Praxis eine aufwändige Werbekampagne speziell für Teenager zu entwickeln. Ein großer Auftrag lockt. Aber wenn Sie Ihre bestehenden Kunden nicht irritieren und mit sich selbst im Reinen sein wollen, geben Sie wahrscheinlich kein Angebot ab. Denn die sanften Heilmethoden vertragen sich schlecht mit unnötigen Schönheitsoperationen. Oder Sie sind Coach und wollen Ihre Leistungen möglichst nur noch Top-Managern der oberen Führungsebene zugutekommen lassen. Anfragen von Führungskräften der unteren und mittleren Ebenen passen somit nicht (mehr) in Ihr Kundenprofil. Wie gehen Sie damit um? Sagen Sie sich „Ich nehme an, was reinkommt" oder denken Sie „Für mein Ziel, nur mit Top-Managern zu arbeiten, muss ich Anfragen ablehnen, die nicht dazu passen"?

Die erste Einstellung bringt Sie Ihrem Ziel nicht näher. Die zweite Einstellung kann anfangs sehr schwer fallen, sich aber langfristig auszahlen. Natürlich spielt auch Ihre finanzielle Situation eine Rolle. Können Sie es sich leisten, Aufträge abzulehnen, die nicht zu Ihrer (angestrebten) Unternehmensidentität passen? Vielleicht ist das in einer Übergangszeit nicht immer möglich. Aber es kann Ihr Ziel sein. Aus meiner Erfahrung ist es immer hilfreich, den Fokus auf das Angestrebte, Erwünschte zu richten. Sie können sich also fragen: Wie kann ich es erreichen, in Zukunft nur noch Führungskräfte aus den oberen Hierarchieebenen zu coachen? Die Frage nach dem „Wie" setzt kreative Energie frei. Sie suchen automatisch nach einer Lösung, statt sich auf Hindernisse zu konzentrieren. Zum Beispiel erwerben Sie Adressen solcher Top-Führungskräfte und schreiben sie gezielt an. Und: Sie müssen einen Auftrag nicht schroff ablehnen. Vielleicht machen Sie es so wie meine Korrektorin, die mein erstes Buch „Flyer optimal texten, gestalten, produzieren" Korrektur gelesen hat. Sie hat ihr Büro inzwischen geschlossen, weil sie in den Schuldienst gewechselt ist. Statt mir einfach abzusagen, war sie so nett, meine Anfrage an eine Kollegin weiterzuleiten.

Doch zurück zur VIVA-Formel. So können Sie die Formel bei der Frage „Soll ich mich um diesen Auftrag bemühen / ihn annehmen?" nutzen:

V – Vision und Werte

- ❑ Ist der Auftrag mit meinen Werten zu vereinbaren? Dient der Auftrag meiner Vision?

I – Identität und Image

- ❑ Passt der Auftrag zu mir / zu uns? Würde ich den Kunden stolz auf meiner Referenzliste präsentieren wollen?

V – Verhalten

- ❑ Entspricht der Auftrag meinem / unserem angestrebten Verhaltenskodex?

A – Auftritt

- ❑ Nützt der Auftrag meiner Außendarstellung? Kann ich dadurch zum Beispiel mehr Erfahrung in einer Branche nachweisen?

Leitfaden – Leitsätze fürs Corporate Behaviour aufstellen

In Kapitel II haben Sie sich bereits mit der Frage nach Ihren Werten und dem Umgang mit Mitarbeitern, Führung, Kundenkontakt etc. beschäftigt. Besprechen Sie mit Ihren Mitarbeitern, auf welche Punkte Sie alle in einer festgesetzten Zeitperiode (zum Beispiel drei oder sechs Monate oder auch ein Jahr) besonders achten wollen. Und nehmen Sie die Punkte als Leitsätze in Ihr Leitbild auf.

Wie wollen Sie zum Beispiel umgehen mit:

- ❑ Hierarchien
- ❑ Weiterbildung
- ❑ Familienfreundlichkeit
- ❑ Kundenbeschwerden
- ❑ Einstellungsverfahren
- ❑ Arbeitsabläufen
- ❑ Entscheidungsspielräumen
- ❑ Zielvereinbarungen
- ❑ Kritik

Verhaltensrichtlinien gegenüber:

- ❑ Anrufern
- ❑ Besuchern
- ❑ Interessenten
- ❑ Kunden
- ❑ Wettbewerbern
- ❑ Lieferanten
- ❑ ...

Arbeitsplatz-Beschreibung

Haben Sie eine schriftliche Arbeitsplatz-Beschreibung für Ihre Mitarbeiter oder vereinbaren Sie mündlich, was zu den Aufgaben jedes Mitarbeiters gehört? Je mehr Mitarbeiter mit unterschiedlichen Arbeitsbereichen Sie haben, desto sinnvoller ist es, für jeden Mitarbeiter eine Akte anzulegen, die auch die mit dem Mitarbeiter vereinbarte Arbeitsplatz-Beschreibung enthält. Falls Sie Ihren Mitarbeitern Provisionen bei der Erreichung bestimmter Ziele gewähren, ist eine schriftliche Vereinbarung auf jeden Fall zu empfehlen. Sie kann Bestandteil des Arbeitsvertrags sein.

So üben Sie konstruktive Kritik an einem Mitarbeiter

Fehler sind dazu da, dass man aus ihnen lernt. Das ist eine Devise, die leicht über die Lippen geht, die aber nicht immer so leicht zu beherzigen ist. Wie gehen Sie in Ihrem Unternehmen mit Fehlern um? Mit Ihren eigenen und mit denen Ihrer Mitarbeiter? Ist Fehlermachen erlaubt, darf darüber geredet werden oder sollen sie vertuscht werden? In meinen fast 25 Berufsjahren in den Branchen Journalismus, Werbung, PR und Marketing habe ich es noch nie, wirklich noch nicht <u>einmal</u> erlebt, dass es bei einem Projekt nicht zu Fehlern kommt. Ein übler Tippfehler in der Überschrift über einem meiner Artikel, als ich bei einer Tageszeitung gearbeitet habe (die Headline war wohl so groß, dass ich und alle Kollegen ihn einfach übersehen haben). Flyer, die mit falscher Falzung aus der Druckerei kamen und per Hand umgefalzt werden mussten (die Druckerei hatte keinen Dummy erhalten, aber auch nicht mitgedacht und nachgefragt). Eine Presseinformation, die eine falsche Telefonnummer für Interessenten enthielt (aus Eile war aufs doppelte Korrekturlesen verzichtet worden). Auch gravierendere Fehler passieren. Am Anfang meiner Karriere habe ich vieles nicht gewusst, falsch eingeschätzt, ungeschickt angepackt. Arbeiten: ein immer währender Lernprozess.

Jeder macht Fehler. Viele lassen sich zum Glück schnell wieder glatt bügeln. Ärgerlich sind sie dennoch. Keiner will häufig Fehler machen oder ständig mit Fehlern anderer konfrontiert werden. Meiner Erfahrung nach hilft eine möglichst schnelle Analyse der Situation dabei, aus Fehlern zu lernen und sie nicht wieder zu machen. Fragen Sie sich: „Was muss ich tun, um Situation X gut zu meistern?".

Ihre „Fehlerkultur" kann ein wichtiger Bestandteil Ihrer Corporate Identity sein. Wie gehen Sie mit Fehlern Ihren Kunden gegenüber um? Versinken Sie in Schutt und Asche, wenn ein Kunde Sie auf einen Fehler aufmerksam macht? Oder gilt auch Kunden gegenüber der Grundsatz „Fehler sind menschlich"?

Praxis-Tipp Konstruktive Kritikgespräche

- **Schaffen Sie eine ruhige Atmosphäre**
  Wenn Sie selbst noch sehr verärgert und aufgewühlt sind, ist nicht die rechte Zeit für ein Kritikgespräch. Versuchen Sie vielmehr, vorher schon etwas Dampf abzulassen. Machen Sie Ihrem Mitarbeiter klar, dass nur ein bestimmtes Verhalten in einer speziellen Situation Gegenstand der Kritik ist. Pauschalkritik hilft niemandem.

- **Werden Sie konkret**
  Beschreiben Sie die Sachlage, die Sie kritisieren, ganz konkret. Wer hat was mit welchen Konsequenzen getan? So vermeiden Sie Missverständnisse.

- **Äußern Sie Ihre Gefühle**
  „Ich habe mich geärgert ...": Sagen Sie, wie Sie sich gefühlt haben. Ein Problem besteht bekanntlich immer aus einem Sach- und einem emotionalen Anteil. Kehren Sie Ihre Gefühle nicht unter den Teppich. Aber reden Sie von sich, statt anzuklagen.

- **Holen Sie sich Feedback**
  Haken Sie nach, ob Ihr Mitarbeiter Ihre Gefühle nachvollziehen kann. Wenn das nicht der Fall ist, liegt das häufig daran, dass Sie den Sachverhalt nicht klar genug beschrieben haben. Dann erklären Sie den Vorfall noch einmal genauer.
  Vereinbaren Sie mit Ihrem Mitarbeiter konkrete Ziele.

- **Sagen Sie Ihrem Mitarbeiter deutlich, wie Sie sich sein Verhalten in einer ähnlichen Situation in Zukunft vorstellen.**

- **Fragen Sie Ihren Mitarbeiter, wie er das Ziel erreichen möchte.**
  Fragen Sie den Mitarbeiter im Kritikgespräch, wie er sich vorstellt, das Ziel zu erreichen. Eine Selbstverpflichtung ist motivierender als äußerer Zwang. Halten Sie das Ergebnis in einer kurzen schriftlichen Notiz fest, so dass Ihr Mitarbeiter und Sie eine Orientierungshilfe haben.

- **Machen Sie Ihrem Mitarbeiter klar, welchen Nutzen seine Verhaltensänderung haben wird.**
  Die Motivation steigern Sie auch, wenn Sie Ihrem Mitarbeiter klarmachen können, welche Vorteile er selbst von einer Verhaltensänderung hat.

Selbstverständlich sollen Sie die Verantwortung für Fehler übernehmen und Ihren Kunden eine Lösung des Problems anbieten. Aber mit einer unterwürfigen Haltung helfen Sie Ihrem Kunden auch nicht. Ich kann mich an einen Kunden erinnern, aus der Zeit, als ich in einer PR-Agentur angestellt war. Er hat mich am Telefon nach Strich und Faden zusammengestaucht, weil er mit den Ergebnissen einer Pressekampagne nicht zufrieden war. Es ging um die PR für eine große Kulturveranstaltung und der Kunde verkaufte viel weniger Tickets als erhofft. Damals war ich noch recht unerfahren und habe mich natürlich von der Schreierei eines cholerischen Event-Veranstalters einschüchtern lassen. Aber was hatte das „Kritikgespräch" letztlich gebracht? Statt zu besprechen, mit welchen Aktionen der Ticket-Verkauf vielleicht doch noch angekurbelt werden könnte, blieb es beim großen Wutausbruch. Mit Groll und Donner lässt sich jedoch kein besserer Verkauf erzwingen.

Gastbeitrag Dagmar Terbeznik

Mitarbeiterführung

Für den Gastbeitrag über Mitarbeiterführung konnte ich Dagmar Terbeznik (http://www.work-life-coaching.de) gewinnen. Nach mehr als 15 Jahren Berufstätigkeit in verschiedenen Branchen und Positionen der Wirtschaft bietet sie seit 2007 Coaching an und ist auf Führungsnachwuchskräfte, Führungskräfte in kleinen und mittelständischen Unternehmen sowie auf Frauen in Führungspositionen spezialisiert.

Was passiert eigentlich, wenn auf einem Segelboot, mit einer Mannschaft von vielleicht 20 Mann, kein Kapitän dabei ist? Haben Sie schon mal ein Orchester ohne Dirigenten spielen sehen?

Was tun der Kapitän und der Dirigent? Sie führen eine Gruppe von Individuen, um ein gesetztes Ziel zu erreichen. Ein Ziel, das sie alleine nicht erreichen würden, denn ein Mensch allein kann weder ein großes Segelboot fahren, noch kann ein Dirigent 65 Instrumente gleichzeitig spielen. Unternehmern geht es meist genauso – sie haben eine Idee, die sie entweder von Beginn an nicht alleine umsetzen können oder die Idee war so gut, dass es zu Wachstum kommt und der Gründer Unterstützung durch Mitarbeiter braucht.

Dann kommt es zu einer weiteren Aufgabe für den Unternehmer: Mitarbeiterführung. Denn wie auf dem Schiff und bei dem Orchester läuft alles besser, wenn einer die Übersicht hat und Kommandos an die Segelcrew oder Einsätze für die Musiker vorgibt. Das Ziel wird durch gute Führung schneller und besser erreicht. Wenn Crew, Musiker und Personal das auch so wahrnehmen, lassen sie sich gerne führen und legitimieren die Leitung von sich aus dazu.

Wie schaffe ich es nun als Führender, egal ob Kapitän, Dirigent oder Unternehmer, dass meine Mitarbeiter das tun, was ich möchte? Dass sie es in der Qualität und mit den Ressourcen (Material, Zeit) erledigen, die mir wichtig sind?

Das Ziel klar vor Augen

Eine der Voraussetzungen ist, das Ziel klar vor Augen zu haben. Ein Kapitän, der nicht weiß, wo es hingehen soll, kann den Kurs nicht bestimmen. Ein Dirigent, der sich für kein Musikstück entscheiden kann, hat ein Problem. Erst wenn ein Unternehmer sein Ziel klar erkannt und formuliert hat, kann er andere Menschen zu diesem Ziel mitnehmen beziehungsweise sich mit ihnen gemeinsam dorthin auf den Weg machen. Wie wir andere mitnehmen können, ist eine Frage von Beziehung und Kommunikation. Mitarbeiter müssen das Ziel kennen, um sich an der Zielerreichung beteiligen zu können. Das ist nicht immer so einfach, wie es klingt.

Gute Führung braucht gute Kommunikation

Eine einfache Regel, um Missverständnisse aufgrund unterschiedlicher Interpretationen von Sprache zu vermeiden, ist das sogenannte Paraphrasieren: Bitten Sie ihr Gegenüber mit eigenen Worten zu wiederholen, was verstanden wurde. Und wiederholen Sie, was ihnen mitgeteilt wurde mit eigenen Worten. Das ist natürlich keine Regel, die ständig im Alltag angewandt werden sollte. Aber bei wichtigen Themen, wie der Vermittlung der Unternehmensziele, ist sie sehr hilfreich.

Mitarbeiterführung ist vor allem Beziehungsgestaltung. Sie erinnern sich bestimmt auch an alte Schullehrer (ebenfalls eine Führungsrolle), die sie toll fanden und als Autorität gerne anerkannt haben und an andere, bei denen das nicht so war. Wie gut wir mit anderen zusammenarbeiten, wie gut wir uns von jemand führen lassen und auch wie gut wir jemand führen können, hängt vor allem davon ab, ob „die Chemie" stimmt oder nicht.

Wie Sie sich in Beziehung zu anderen verhalten und diese bewerten, hängt mit Ihrer Persönlichkeit zusammen. Diese hat sich seit Ihrer frühesten Kindheit aus angeborenen Eigenschaften und aus vielen Erfahrungen mit sich und der Umwelt, mit Werten, Überzeugungen etc. gebildet. Und genau wie Sie ein einzigartiger Mensch sind, der die Welt durch seine ganz persönliche „Brille" wahrnimmt und sich entsprechend verhält, trifft das auch auf Ihre Mitarbeiter zu. Wenn Sie jemanden treffen und denken: „Da stimmt die Chemie" oder „Wir verstehen uns ohne viele Worte", hat dieser Mensch vermutlich sehr ähnliche Erfahrungen, Werte und Überzeugungen wie Sie.

Es lohnt sich daher, sich selbst gut zu verstehen. Was denke ich, was fühle ich, wie sehe ich mich, wie sehe ich andere? Machen Sie sich klar: Es gibt immer mehrere Möglichkeiten, eine Situation zu interpretieren. Es ist wirklich sehr einfach: Wer sich selbst versteht, kann auch andere besser verstehen. Und Sie können dann vermutlich leichter akzeptieren, dass ein anderer die Dinge mitunter anders bewertet als Sie und an anderen Stellen wie Sie selbst empfindlich oder aufbrausend reagiert. Je besser Sie das akzeptieren und verstehen, desto besser können Sie mit dem anderen in einen Dialog darüber treten.

Führung heißt entscheiden und Verantwortung übernehmen

Es gibt unterschiedliche Wege, um eine Unternehmensstrategie und Unternehmensziele festzulegen. Der Einzelunternehmer hat meist seine persönliche Vision und legt seine Ziele danach fest. Ein Kapitän mit 20 Mann Besatzung kann das Ziel des Segeltörns alleine festlegen. Er kann aber auch mit seiner Mannschaft einen Abend verbringen, um gemeinsam ein Ziel zu bestimmen. In der Führungsliteratur würde das als „partizipativer" Stil bezeichnet werden. Oftmals entstehen in solchen Aushandelprozessen besonders innovative Ideen, weil alle Beteiligten ihre Kompetenz einbringen können. Das ist der große Vorteil partizipativer Führung. Der Nachteil ist, dass solche demokratischen Prozesse in der Regel deutlich länger dauern, als eine einsame Entscheidung.

Hier gilt es also das richtige Maß zu finden und wo das liegt, entscheidet der Chef. Oder er bestimmt, dass auch diese Entscheidung gemeinsam getroffen wird. Dann verantwortet der Chef, dass der Prozess länger dauert. Eine Führungskraft entscheidet und trägt die Verantwortung. Sie können sich entschließen, die Mitarbeiter in Ihre Entscheidungen einzubeziehen oder auch Verantwortung auf einen Angestellten übertragen: Am Ende tragen jedoch Sie als Unternehmer die Verantwortung für das Gesamtergebnis. Das ist ein unumstößlicher Teil dieser Rolle.

Wertschätzung – gut für Motivation und Arbeitsklima

Wertschätzung und Lob werden in der Arbeitswelt unterschätzt. Dabei tut es uns allen gut, wenn wir merken, dass uns andere Menschen wahrnehmen und schätzen, was wir leisten. Es geht nicht darum, immer mal ein profanes „gut gemacht" fallen zu lassen, sondern darum, sich wirklich mit seinen Mitarbeitern auseinanderzusetzen und ihnen qualifiziertes Lob auszusprechen. Nicht nur Kinder lernen am besten durch positive Bestärkung, auch wir Erwachsenen werden dadurch oftmals motivierter und fühlen uns besser. Es gibt allerdings auch Menschen, die es eher schätzen, wenn sie kritisiert werden und das als Anreiz verstehen, um noch besser zu werden. Eine gute Führungskraft achtet also darauf, welcher Mitarbeiter sich mit welcher Ansprache am wohlsten fühlt und die besten Leistungen erbringt. Die Parole lautet allerdings nicht: Nur noch Lob, keine Kritik. Nein, kritisieren Sie, wenn Sie etwas nicht in Ordnung finden und erarbeiten Sie mit dem Mitarbeiter gemeinsam, wie es in Zukunft besser laufen kann.

(work life)
coaching beratung

Logo

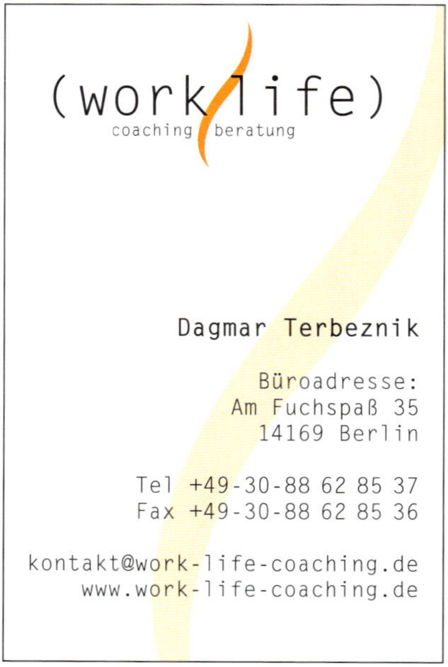

Visitenkarte

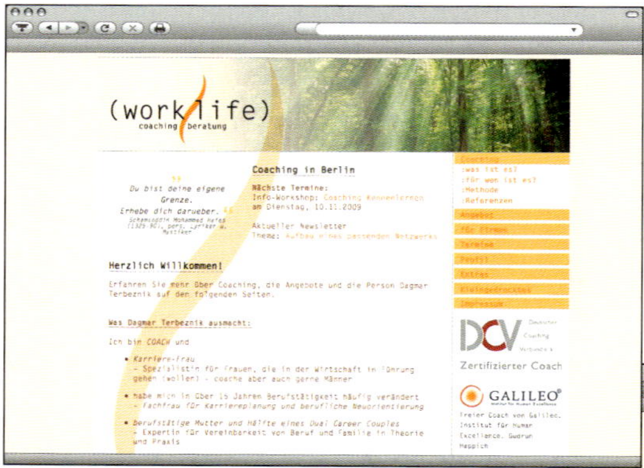

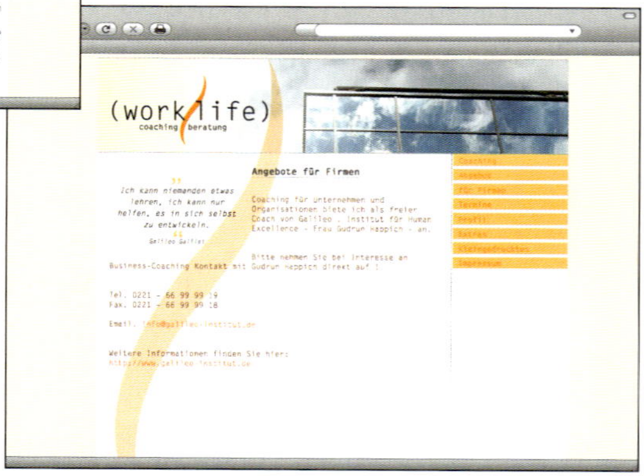

Webseiten
der www.work-life-coaching.de

Coach Dagmar Terbeznik sind umfassende, professionell gestaltete Materialien sehr wichtig. Sie sagt selbst, dass Sie sich etwas mehr angeschafft hat, als unbedingt nötig ist. Und sie genießt es sehr, mit einer professioneller Ausstattung aufzutreten. Sogar einen CD-gerechten Schreibblock für den persönlichen Gebrauch und zur Ausgabe an Workshop-Teilnehmer hat sie sich angeschafft.

Unternehmen: work life coaching beratung, Dagmar Terbeznik, www.work-life-coaching.de
Design: wordsimages, Roland Goulsbra, www.wordsimages.de

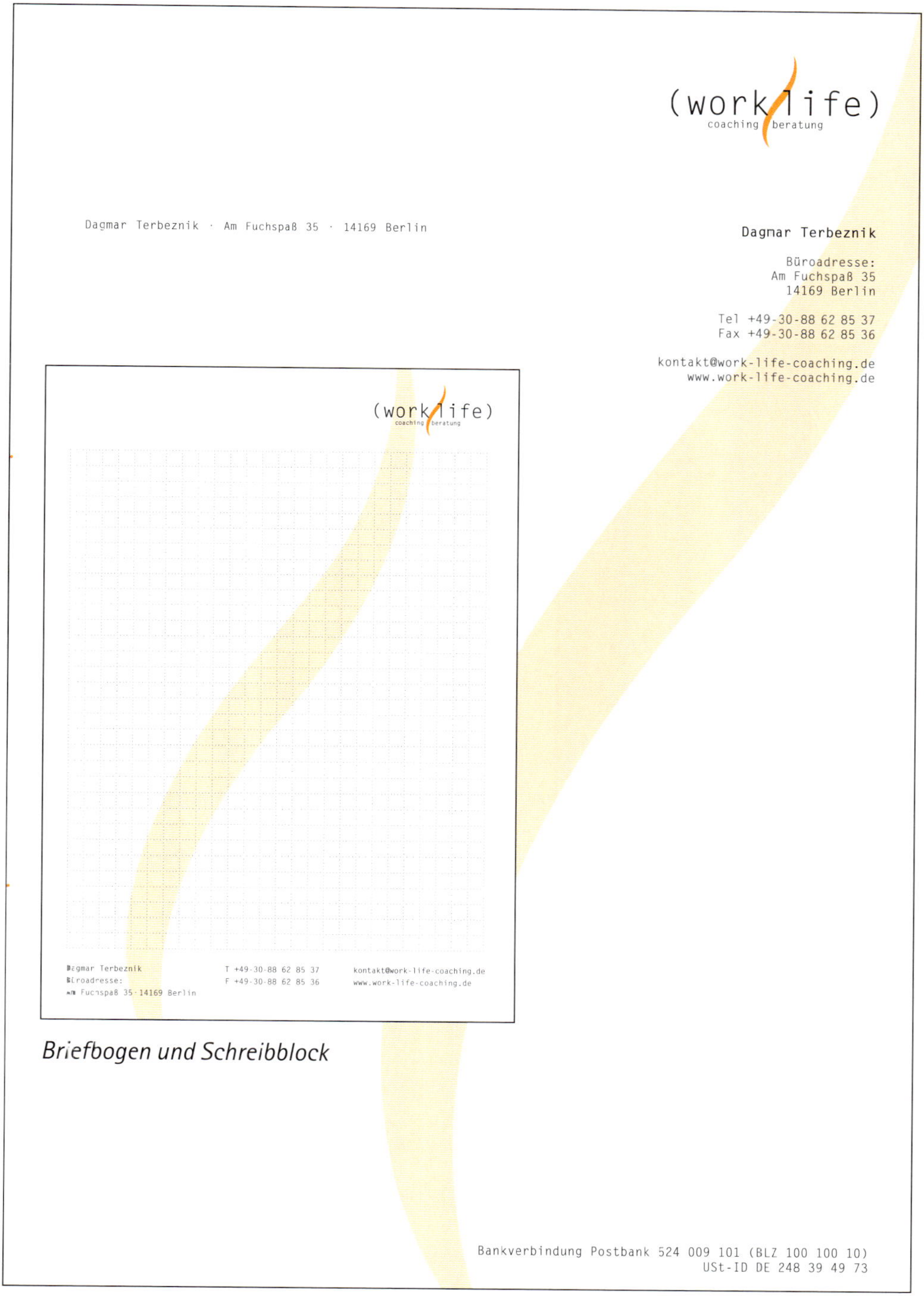

Briefbogen und Schreibblock

(work/life) coaching & beratung

bietet Unterstützung in den **Feldern**

- familienfreundliche Führung und Unternehmenskultur
- Stressbewältigung und Burnout-Prävention
- Vereinbarkeit von Beruf und Familie
- Fach- und Führungskräfte in Teilzeit/Job-Sharing
- Kommunikation im Unternehmen
- Team-Coaching: Teambildung/-entwicklung
- Zeit- und Selbstmanagement
- Projektmanagement/Projekt-Coaching
- Entspannungstechniken
- (work/life) balance bzw. integration

Für jedes Projekt wird ein individueller **Methoden-Mix** aus folgenden Bausteinen aufgestellt:

- Workshops und Projektgruppenbegleitung
- Coaching-Angebote für Einzelpersonen und Gruppen
- Trainings-, Vortrags- und Seminareinheiten
- Großgruppenintervention – Open Space und World Café
- Kombination mit Improvisationstheater-Sequenzen

Auf unser professionelles Projektmanagement in Planung und Durchführung können Sie sich selbstverständlich verlassen.

Dagmar Terbeznik

ist nach 15 Jahren Berufstätigkeit in der Wirtschaft selbständig als Coach und Beraterin.

Berufsweg

- Kauffrau in der Grundstücks- und Wohnungswirtschaft, Diplom-Kauffrau
- Coaching-Ausbildung bei der Coaching Spirale GmbH, Berlin
- Psychologische Beraterin, Seminarleiterin für Autogenes Training, Seminarleiterin für Progressive Muskelrelaxation (Ausbildung am IEK, Berlin)

Kontakt

Für Ihre Fragen stehe ich gern zur Verfügung! Rufen Sie mich an, oder schreiben Sie mir eine eMail.

(work/life) coaching beratung

Dagmar Terbeznik
Wittelsbacherstraße 10 A
10707 Berlin

T +49-30-88 62 85 37
F +49-30-88 62 85 36

kontakt@work-life-coaching.de
www.work-life-coaching.de

USt-ID DE 248 39 49 73

ganzheitlich nachhaltig erfolgreich

(work/life) coaching beratung

(work/life) Ressource für Ihr Unternehmen

Glauben Sie, dass die Dauer der Anwesenheit die einzige relevante Ressource Ihrer Mitarbeiter ist, die sie Ihrem Unternehmen zur bieten haben?

Dann kann ich leider nichts für Sie tun.

Denn **(work/life) coaching & beratung** geht davon aus, dass die **Stärkung** Ihrer Mitarbeiter der Schlüssel zu allen Ressourcen ist, von dem auch Ihr Unternehmen profitieren wird.

Gestärkte Mitarbeiter

- kommen ihren Aufgaben mit größerem Engagement nach
- sind auch unter Belastung leistungsfähiger und zuverlässiger
- können mit Stress kompetent umgehen
- ersparen dem Unternehmen die Langzeitfolgen von Stress und Burnout

und tragen so zur Gesundheit und Produktivität des gesamten Unternehmens bei. Sie werden es merken – an der Gesundheit und Einsatzfreude, an der Leistungsfähigkeit Ihrer Belegschaft.

Die Familie ist ein Ort, an dem positive Energie und Kraft getankt wird.
Wo? – Zu Hause.
Wann? – Jeden Tag.
Einfacher geht es nicht, oder?

Warum Familienfreundlichkeit?

Familienfreundliche Unternehmen machen **gute Erfahrungen**, wenn es darum geht,

- qualifizierte Mitarbeiter zu gewinnen oder zu halten
- Kosten durch geringere Fluktuation und niedrigeren Krankenstand zu senken
- die Arbeitszufriedenheit der Mitarbeiter zu erhöhen
- die Produktivität der Beschäftigten zu steigern
- die Abwesenheitsdauer von Eltern zu verkürzen und aus der Elternzeit zurückkehrende Mütter und Väter schnell zu integrieren

Wer den Spagat zwischen den vielfältigen Anforderungen eines interessanten Arbeitsplatzes und eines aktiven Familienlebens meistert, bringt vielfältige, wertvolle und unschätzbare Ressourcen ins Unternehmen ein. Minimieren Sie Reibungsverluste werden Sie ein familienfreundliches Unternehmen.

Aber...

...es reicht nicht, Familienfreundlichkeit zu organisieren. Wir setzen auf den professionell geführten Dialog, in dem sich gemeinsame Vorstellungen entwickeln und ins echte Leben geholt werden. So wachsen Unternehmen von innen.

Ressourcenorientierung leben

Methodisch stehen Großgruppeninterventionen wie World Café und Open Space ebenso auf dem Plan wie das Arbeiten in kleinen Gruppen oder im Einzelcoaching. Eine Veränderungssitutation bedeutet: Beruflich und/oder privat stehen neue Aufgaben, neue Rollen und Anforderungen ins Haus. Im begleitenden Coaching werden die nötigen Skills und Potenziale entfaltet und für das ganze Unternehmen nutzbar.

Change now! Das Ziel ist, konkrete Möglichkeiten einer ganzheitlichen **Ressourcenorientierung** für Ihr Unternehmen zu erarbeiten und in der Unternehmenskultur zu verankern. Wir bieten Ihnen die Konzeption und Begleitung eines Change-Pozesses an, der

- alle Mitglieder der Organisation einbezieht
- alle relevanten Einstellungen und Bedenken der Beteiligten berücksichtigt
- Wandel von innen wachsen und nicht im Leitbild verkümmern lässt
- die Aktivität wirklich motivierter Mitarbeiter in der Umsetzung nutzt

Sequenzen aus dem Improvisationstheater aktivieren die Mitarbeit der Teilnehmer, z.B. durch Lachen. Denn: Lachen ist gesund, fördert die offene und spontane Kommunikation in der Gruppe und baut Stress ab.

Flyer der „work life coaching beratung"

Job & Familie unter (m)einem Hut!

(work/life) coaching/beratung

Dagmar Terbeznik ist nach 15 Jahren Berufstätigkeit in der Wirtschaft selbständig als Coach und Beraterin.

(work/life) coaching/beratung

- arbeitet mit den inhaltlichen Schwerpunktthemen Vereinbarkeit von Beruf und Familie, familienfreundliche Unternehmenskultur, Zeitmanagement, Vorbereitung und Prozessbegleitung in der Elternzeit und beim Wiedereinstieg in die Berufstätigkeit.
- richtet sich an Führungskräfte, Selbständige, Organisationen und Privatpersonen, (werdende) Mütter und Väter.

Die Coaching-Situation

lässt sich flexibel ausgestalten: als Einzelgespräch, als Paar-Coaching oder Team-Coaching, in der Gruppe oder auch im Seminar.

Momentane Gruppenangebote: »Working Moms« und »Active Dads« mit jeweils monatlichen Treffen. »Die drei Ks: Kinder - Küssen - Karriere« und »Gelassener Erfolg« sind die Themen der aktuellen (work/life)-Workshops.

Termine und organisatorische Details finden Sie im Internet unter www.work-life-coaching.de

Berufsweg

- Kauffrau in der Grundstücks- und Wohnungswirtschaft, Diplom-Kauffrau
- Coaching-Ausbildung bei der Coaching Spirale GmbH, Berlin
- Psychologische Beraterin, Seminarleiterin für Autogenes Training, Seminarleiterin für Progressive Muskelrelaxation (Ausbildung am IEK, Berlin)

Kontakt

Für Ihre Fragen stehe ich gern zur Verfügung und biete Ihnen auch ein kostenfreies Kennenlerngespräch an.

(work/life) coaching/beratung

Dagmar Terbeznik
Wittelsbacherstraße 10 A
10707 Berlin

T +49-30-88 62 85 37
F +49-30-88 62 85 36

kontakt@work-life-coaching.de
www.work-life-coaching.de

USt-ID DE 248 39 49 73

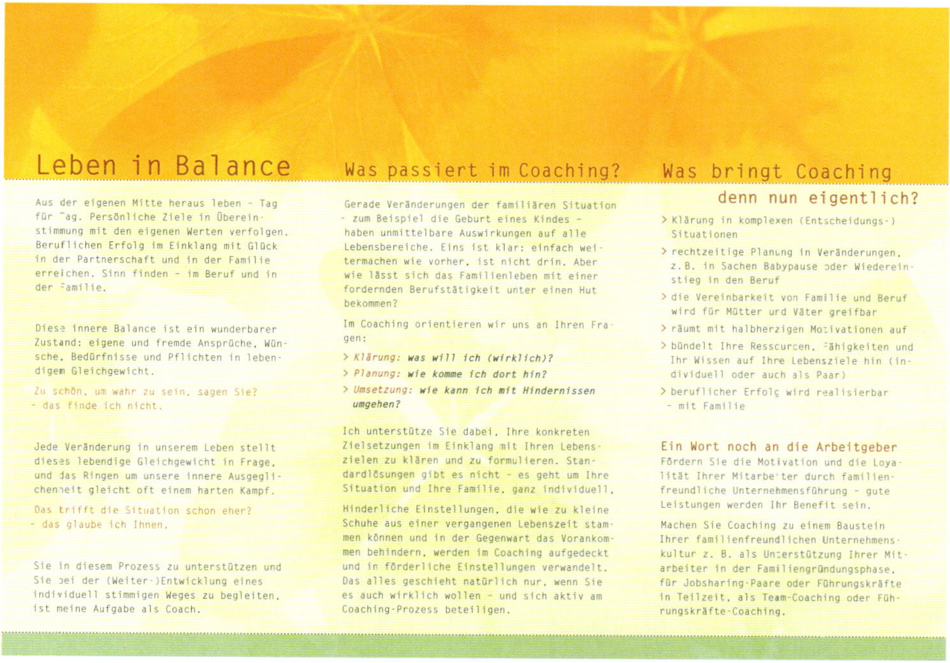

Leben in Balance

Aus der eigenen Mitte heraus leben - Tag für Tag. Persönliche Ziele in Übereinstimmung mit den eigenen Werten verfolgen. Beruflichen Erfolg im Einklang mit Glück in der Partnerschaft und in der Familie erreichen. Sinn finden - im Beruf und in der Familie.

Diese innere Balance ist ein wunderbarer Zustand: eigene und fremde Ansprüche, Wünsche, Bedürfnisse und Pflichten in lebendigem Gleichgewicht.

Zu schön, um wahr zu sein, sagen Sie? - das finde ich nicht.

Jede Veränderung in unserem Leben stellt dieses lebendige Gleichgewicht in Frage, und das Ringen um unsere innere Ausgeglichenheit gleicht oft einem harten Kampf.

Das trifft die Situation schon eher? - das glaube ich Ihnen.

Sie in diesem Prozess zu unterstützen und Sie bei der (Weiter-)Entwicklung eines individuell stimmigen Weges zu begleiten, ist meine Aufgabe als Coach.

Was passiert im Coaching?

Gerade Veränderungen der familiären Situation - zum Beispiel die Geburt eines Kindes - haben unmittelbare Auswirkungen auf alle Lebensbereiche. Eins ist klar: einfach weitermachen wie vorher, ist nicht drin. Aber wie lässt sich das Familienleben mit einer fordernden Berufstätigkeit unter einen Hut bekommen?

Im Coaching orientieren wir uns an Ihren Fragen:

- *Klärung: was will ich (wirklich)?*
- *Planung: wie komme ich dort hin?*
- *Umsetzung: wie kann ich mit Hindernissen umgehen?*

Ich unterstütze Sie dabei, Ihre konkreten Zielsetzungen im Einklang mit Ihren Lebenszielen zu klären und zu formulieren. Standardlösungen gibt es nicht - es geht um Ihre Situation und Ihre Familie, ganz individuell.

Hinderliche Einstellungen, die wie zu kleine Schuhe aus einer vergangenen Lebenszeit stammen können und in der Gegenwart das Vorankommen behindern, werden im Coaching aufgedeckt und in förderliche Einstellungen verwandelt. Das alles geschieht natürlich nur, wenn Sie es auch wirklich wollen - und sich aktiv am Coaching-Prozess beteiligen.

Was bringt Coaching denn nun eigentlich?

- Klärung in komplexen (Entscheidungs-)Situationen
- rechtzeitige Planung in Veränderungen, z.B. in Sachen Babypause oder Wiedereinstieg in den Beruf
- die Vereinbarkeit von Familie und Beruf wird für Mütter und Väter greifbar
- räumt mit halbherzigen Motivationen auf
- bündelt Ihre Ressourcen, Fähigkeiten und Ihr Wissen auf Ihre Lebensziele hin (individuell oder auch als Paar)
- beruflicher Erfolg wird realisierbar - mit Familie

Ein Wort noch an die Arbeitgeber

Fördern Sie die Motivation und die Loyalität Ihrer Mitarbeiter durch familienfreundliche Unternehmensführung - gute Leistungen werden Ihr Benefit sein.

Machen Sie Coaching zu einem Baustein Ihrer familienfreundlichen Unternehmenskultur z. B. als Unterstützung Ihrer Mitarbeiter in der Familiengründungsphase, für Jobsharing-Paare oder Führungskräfte in Teilzeit, als Team-Coaching oder Führungskräfte-Coaching.

Flyer der „work life coaching beratung"

Zeit fürs Miteinander

Führung ist ein äußerst komplexes Thema. Es gibt sehr viele verschiedene Führungsansätze und -stile – von autoritär über bürokratisch, charismatisch bis partizipativ, sinnorientiert oder situativ – und entsprechend viel Literatur darüber. Welcher Stil zu Ihnen und Ihrem Unternehmen passt, können Sie nur selbst herausfinden. Dabei hilft es, wenn Sie sich selbst reflektieren und Ihnen wohlwollende Personen fragen, was für ein Typ Sie sind. Dann können Sie sich auf verschiedene Arten weiter mit Ihrem Führungsstil beschäftigen und ihn weiterentwickeln: mit einem Buch, bei einem Seminar, einem Coaching oder ähnlichem. Vertrauen Sie Ihrer Intuition – Sie werden den richtigen Stil finden.

Mein abschließender Tipp: Nehmen Sie sich Zeit fürs Miteinander. Halten Sie regelmäßig Zeit für Gespräche frei. Im Team, aber auch mit einzelnen Mitarbeitern. Öffnen sie den Raum, sich als Menschen mit Stärken und Schwächen zu begegnen, um miteinander zu wachsen und gemeinsam etwas in dieser Welt zu bewegen. Besonders wertvoll finden viele Teams die Anregung „Dankesrunden" in Team-Besprechungen einzuführen: Zu Beginn oder Ende eines Gespräches sagt jeder, was ihn seit dem letzten Gespräch besonders zufrieden gemacht hat und was gut gelaufen ist. Das ist eine elegante Möglichkeit, sich auch als Chef positives Feedback zu holen – und das fehlt so manchem Vorgesetzten!

(Gastbeitrag Dagmar Terbeznik)

Praxis-Tipp **Regeln für die Teamarbeit**

Wie wollen Sie die Zusammenarbeit in Bezug auf folgende Punkte regeln?

- ❑ Zuständigkeiten: Wer informiert wen und wann? Wer erledigt was und bis wann?
- ❑ Kommunikation: Was wird in Einzelgesprächen, was im Team besprochen? Welche Themen sollen schriftlich (per Rundbrief oder E-Mail) kommuniziert werden?
- ❑ Termine: Wann finden Treffen statt und wer bereitet was bis dahin vor?
- ❑ Sanktionen: Was passiert, wenn jemand die Regeln verletzt?

Reagieren Sie möglichst schnell auf Regelverstöße durch gezielte Rückmeldung. Eine klare Linie von Anfang an ist wichtig. Ständig sich ändernde Verhaltensweisen verunsichern Ihre Mitarbeiter. Es kommt zu Missverständnissen. Darunter leidet die Arbeit aller. Was einmal vereinbart wurde, soll auch eingehalten werden. Es sei denn, eine Kurskorrektur ist sinnvoll und wird offen kommuniziert.

Geschäftsmodell

Corporate Behaviour – das Verhalten in Ihrem Unternehmen – bezieht sich meiner Ansicht nach nicht nur auf den zwischenmenschlichen Umgang. Das Unternehmensverhalten zeigt auch, welche Grundsätze das Unternehmen verfolgt und anstrebt. Zum Beispiel im Hinblick auf:

- Geschäftsmodell (Angebotspalette, Formate)
- Preisgestaltung (teuer, mittlere Preise oder günstig)

Nehmen wir als Beispiel ein Grafik-Design-Büro mit fünf Mitarbeitern, das auch Website-Programmierung durchführt. Büro A setzt bei seinem Geschäftsmodell ganz auf klassische Agenturleistungen. Der Ablauf ist einfach: Ein Kunde gibt zum Beispiel eine neue Website in Auftrag. Das Büro holt das Briefing ein, lässt sich also die Wünsche des Kunden genau erklären. Anschließend setzen Grafiker und Programmierer den Auftrag um und präsentieren die Website dem Kunden. Die Arbeit dauert X Stunden. Eine Stunde kostet die Summe Y. Jeder im Team verkauft seine Arbeitszeit. Es wird stundenweise abgerechnet oder per Auftragspauschale (der Zeitaufwand ist zuvor überschlagen worden). In beiden Fällen wird letztlich Zeit gegen Geld abgerechnet. Wenn der Grafiker oder Programmierer gerade keinen Auftrag umsetzt, verdient er auch kein Geld. Solange die Auftragslage konstant gut und das Honorar nicht zu niedrig angesetzt ist, lohnt sich dieses klassische Agenturmodell.

Büro B hat ein anderes Geschäftsmodell gewählt. Wenn individuell Design- und Programmierarbeiten umgesetzt werden, wird auch hier Arbeitszeit verkauft. Hinzu kommen weitere Formate. Die Grafiker und Programmierer vermarkten ihr Know-how außerdem in Form von Info- und Beratungsprodukten. Zum Beispiel vertreiben sie E-Books wie „Worauf Einzelhändler beim Corporate Design achten müssen" und „Die 20 goldenen Programmier-Regeln für Hotel-Websites". Zum Angebot gehören auch Online-Workshops und Trainings. Außerdem eine telefonische Coaching-Hotline für alle Kunden, die ihre Website selbst pflegen und aktualisieren wollen. Damit liefert Büro B seine Leistungen auch Interessenten, die keine kompletten Eins-zu-eins-Angebote kaufen können oder wollen. Und es hat sich mehrere Einnahmequellen erschlossen.

Oder Sie haben eine Tischlerei und stehen vor der Entscheidung: Bieten Sie ausschließlich individuell zugeschnittene Neuanfertigungen an? Oder bemühen Sie sich auch um Aufträge, bei denen Sie industriell vorgefertigte Elemente weiterverarbeiten? Vielleicht verkaufen Sie in Ihrem Laden sogar einige günstige Produkte, die Sie gar nicht selbst produziert haben. Gehört ein Reparatur-Service zu Ihrem Angebot? Nur für von Ihnen hergestellte Möbel oder für alle Stücke?

Wie Sie Ihre Leistungen anbieten, in welche Formate Sie sie packen, hängt wieder eng mit Ihrer Corporate Identity zusammen. Ein Beispiel: Wenn es zu Ihrer Vision gehört, ausschließlich einem ausgewählten Kreis an Kunden exklusive und entsprechend kostspielige maßgeschneiderte Ergebnisse zu liefern, passt ein Geschäftsmodell mit Angeboten für eine breite Gruppe an Interessenten (Tele-Seminare, Halbfertig-Produkte u. Ä.) nicht zu Ihrem Unternehmen. Wenn Sie aber davon träumen, möglichst viele Menschen zu erreichen, geraten Sie mit einem reinen Eins-zu-eins-Modell schnell an Ihre Grenzen. Wachstum ist dann im Grunde nur über die Einstellung weiterer Mitarbeiter möglich.

Preisverhalten

All diese Überlegungen haben natürlich Auswirkungen auf Ihre Preisgestaltung.

Aus dem Blickwinkel Ihrer Corporate Identity betrachtet, geht es vor allem um die Frage: Welche Rolle sollen Preise in meinem Unternehmen überhaupt spielen? Wollen Sie offensiv mit dem Preis werben? Ist Ihr Preis ein wichtiges Verkaufsargument oder stehen andere Dinge im Vordergrund? Schauen wir uns ein Restaurant an. Je nach Unternehmensidentität sind die Preise in der Kommunikation wichtig oder nicht so wichtig. Ein Restaurant mit der Vision „Jeder soll sich ein vollwertiges Menü aus hochwertigen, frischen Zutaten leisten können" wird in seinen Materialien das Thema Preise betonen. Ein Restaurant mit der Vision „Liebhaber guter Küche begeistern wir mit höchster Qualität und ungewöhnlichen Kreationen" hebt die Preise nicht besonders hervor, einfach weil sie in diesem Fall nicht als Verkaufsargument taugen.

Wenn ich ein industriell erzeugtes Massenprodukt kaufen will, zum Beispiel einen neuen Laptop, bin ich ein Fan niedriger Preise und bekennende Schnäppchen-Jägerin. Dann recherchiere ich, wo ich die beste Leistung für mein Geld bekomme, und vergleiche sogar, in welchem Geschäft das Produkt meiner Wahl am billigsten ist. Wenn ich auf der Suche bin nach Coaching oder einem Workshop, halte ich nicht mehr viel vom Schnäppchen-Jagen. Denn mir ist klar: Speziell auf meine Bedürfnisse zugeschnittene Dienstleistungen dürfen nicht zu billig sein, sonst leidet die Qualität.

Ihre Preise sind ein wichtiger Puzzlestein Ihrer Identität, Ihres Image. Überlegen Sie daher gut, wie Sie Ihre Preise gestalten und wie Sie sie verkaufen. Lesen Sie mehr darüber, wie Sie Kostenangebote optimal gestalten können, auf meiner Website www.viva-akquise.de

Interview mit Carola Reiners, Inhaberin der Tasmania Apotheke

Carola Reiners hat im Jahr 2004 die Tasmania Apotheke in Berlin von ihrer Mutter übernommen. Ihre Arbeitsweise und die ihrer Mitarbeiter zeichnet sich durch sehr engagierte Kundenberatung und zahlreiche Services aus. Dazu gehören die enge Zusammenarbeit mit Ärzten und Patienten, der Verleih medizinischer Geräte und ein umfangreiches Beratungsangebot zu speziellen Themen wie Hilfsmittel und Beratung bei Inkontinenz, Diabetikerberatung, Reise- und Impfberatung und auch Beratung zu Stoma und Ernährung über Sonde. Im Internet ist die Apotheke zu finden unter www.tasmania-apotheke.de.

Frau Reiners, Sie haben kürzlich Ihre Apotheke von einem Innenarchitekten neu gestalten lassen. Warum? Worauf kam es Ihnen dabei besonders an?
Wir wollten weg vom „Kleiner Krauter"-Image. Eine kompetente Beratung ist uns sehr wichtig und das sollte sich auch in der neuen Gestaltung des Verkaufsraums widerspiegeln. Der Raum wirkt jetzt viel übersichtlicher, großzügiger, moderner. Gemeinsam mit dem Innenarchitekten haben wir erarbeitet, was wesentlich ist und worauf wir uns konzentrieren wollen. Dazu gehören zum Beispiel farbige Markierungen auf dem Fußboden vor dem Verkaufstresen. Diese sorgen für einen Diskretionsabstand zwischen den einzelnen Kunden. Vertraulichkeit gehört für uns zu einer guten, persönlichen Beratung. Unsere Patienten und Kunden sollen sich bei uns wohl fühlen.

Apotheken gibt es an jeder Ecke. Durch das Gemeinschaftslogo des roten A sind sie auch immer als solche zu erkennen. Allerdings wirken sie dadurch auch austauschbar. Für wie wichtig halten Sie Corporate Identity (eine unverwechselbare Unternehmensidentität) für Ihr Unternehmen?
Für sehr wichtig. Wir wollen uns bewusst von der Durchschnittsapotheke abheben. Was mir und allen meinen Mitarbeitern sehr am Herzen liegt und was wir in allem zum Ausdruck bringen wollen, ist Einfühlungsvermögen und absolute Ehrlichkeit. Das äußert sich natürlich vor allem in unserem Verhalten. Wir raten Kunden auch von Produkten ab, die zwar sehr stark in der Werbung angepriesen werden, aber die wir in dem individuellen Fall für nicht geeignet halten, und beraten über Alternativen. Meine Mitarbeiterinnen und ich besuchen regelmäßig Fortbildungen über Arzneimittelneuerungen und Entwicklungen, die nicht von der Pharmaindustrie finanziert sind. So können wir uns eine unabhängige Meinung bilden und diese weitergeben. Ein offenes Ohr für die Patienten, eine persönliche Atmosphäre und Anteilnahme sind für uns keine leeren Worte. Wir leben das. Natürlich kostet diese Haltung mehr Zeit als oberflächliches, schnelles Verkaufen. Aber genau das ist die Kernaufgabe einer guten Apotheke. Ich meine, dass sich eine erkennbar gute Beratungsqualität herumspricht. Sie führt zu ei-

ner persönlichen Beziehung zwischen uns und dem Kunden und zu einer dauerhaften Kundenbindung.

Wie viel Zeit arbeiten Sie in Ihrer Apotheke und wie viel Zeit widmen Sie der Vermarktung Ihrer Angebote (zum Beispiel Erstellen von Broschüren, Website, Sonderaktionen vorbereiten)?
Ich arbeite zwischen 40 und 50 Stunden pro Woche in der Apotheke, versuche aber eine Lösung zu finden, weniger arbeiten zu können. Das Organisieren von Werbeaktionen erledige ich zum Glück nicht komplett selbst. Wir sind Mitglied in der Apotheken-Gruppe „gesine“, diese unterstützt die Mitgliedsapotheken auch in solchen Dingen. Werbung konsequent auszuarbeiten wäre sonst ja ein Fulltime-Job. In der gesine-Gruppe arbeite ich an der Erstellung der Monatsflyer mit. Ansonsten beschränkt sich meine Arbeit dort auf nur zwei Meetings im Jahr bezüglich der Werbeaktionen. Das hat natürlich Vor- und Nachteile. Zum einen spare ich wirklich viel Zeit damit ein. Zum anderen sind nicht immer nur die Produkte auf dem Flyer, die ich selber für meine Kunden auswählen würde.

Auch die Internetpräsenz und meine Kundenbroschüren habe ich erstellen lassen. Ich meine, es ist gut, wenn ich genau das mache, was ich richtig gut kann. Die Pflege der Website und die Formulierung und das Design der Kundenbroschüre gehören nicht dazu und würden mir persönlichen Raum für die wesentlichen Aufgaben rauben. Auch in dieser Frage wollte ich weg vom „Krauter-Image“. Selbstgemachtes ist zu Weihnachten ja ganz schön, aber ich muss professionell sein.

Aktionen bereiten wir im Team gemeinsam vor. Unser Qualitätsmanagement ist zertifiziert und wir haben eine entsprechende Verfahrensanweisung zur Durchführung von Aktionen. So erfinden wir die einzelnen Schritte nicht immer wieder neu. Glücklicherweise muss ich nicht immer dabei sein, da die jeweiligen Schritte zur Durchführung einer jeden Aktion auf die Mitarbeiter verteilt sind.

Sie und Ihre Mitarbeiter fallen durch ein konstant freundliches und kompetentes Auftreten auf. Haben Sie feste Regeln für den Umgang mit Kunden?
Unbedingte Ehrlichkeit ist die Regel Nummer eins bei uns. Meine Mitarbeiter verhalten sich so, wie sie selbst gerne bedient und beraten werden möchten. Unsere Devise ist: Hier wird Ihnen geholfen, wir lösen Probleme. Wir beraten Kunden so, wie man auch die beste Freundin beraten würde.

(Interview mit Carola Reiners)

Timetable

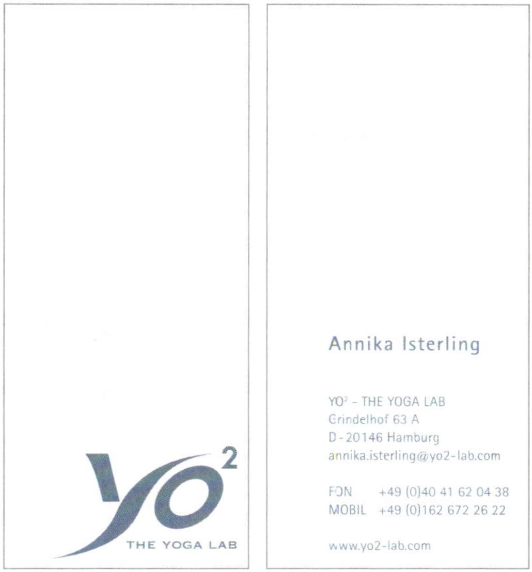

Visitenkarte

Intro und eine der Unterseiten
von www.yo2-lab.com

Klarheit, Purismus, Ausgeglichenheit und Leichtigkeit sind Werte, die der Besitzerin des Yoga-Studios in Hamburg wichtig sind. Das zurückhaltende Design unterstützt ganz offensichtlich diese Werte.

Unternehmen: Yo2 – The Yoga Lab, www.yo2-lab.com
Design: fjorden design & konzeption, Ulrike Linkenheil, www.fjorden.de

Logo

Visitenkarte

Homepage und eine weitere Seite der www.eisberg-seminare.de

Eisberg-Seminare. Der Name und die visuelle Anmutung gehen hier Hand in Hand. Visualisiert werden sollten Professionalität, Klarheit und Wissen, Kompetenz und Größe. Eine Besonderheit bei Eisberg-Seminare: die „150%-Best-Value-Garantie". Das Unternehmen bietet seinen Kunden an: „Sollten Sie in der ersten Kaffeepause eines Seminars entscheiden, das Seminar vorzeitig zu verlassen, weil z. B. die Inhalte und/oder der Trainer Sie nicht überzeugt haben oder Sie einfach nicht zufrieden waren, erhalten Sie die komplette Seminargebühr zuzüglich Ihrer Reisekosten […] zurückerstattet – und dies auch ohne Angabe von Gründen." (siehe www.eisberg-seminare.de/unternehmen/zufriedenheitsgarantie.html)

Unternehmen: Eisberg, www.eisberg-seminare.de
Design: fjorden design & konzeption, Ulrike Linkenheil, www.fjorden.de

V Corporate Communications

Beim Thema Corporate Communications – der Kommunikation Ihres Unternehmens – geht es um die Frage: „Wie stellen Sie sich und Ihr Angebot in schriftlichen Materialien und auch in Form von mündlichem Kontakt dar?"

Bevor Sie erfahren, wie Sie einzelne Instrumente erfolgreich anwenden können, werfen Sie bitte einen Blick auf die folgenden Übersichten. Natürlich nicht mit dem Ziel, alle Maßnahmen einzusetzen! Ich möchte Ihnen nur zeigen, was alles möglich ist. Welche Instrumente wann und für wen Sinn machen, schauen wir uns später an.

Interne Kommunikation

Hier eine Auswahl an Instrumenten, die Sie bei der Kommunikation mit Ihren Mitarbeitern einsetzen können:

- ❑ Ihr Leitbild
- ❑ Gespräche mit Mitarbeitern
- ❑ Ausflüge und Feste
- ❑ Briefe und E-Mails an Mitarbeiter
- ❑ Geburtstagskarten / Geschenke für Mitarbeiter
- ❑ Internes Magazin
- ❑ Intranet
- ❑ Arbeitsplatzbeschreibung
- ❑ Zielvereinbarungen
- ❑ Festlegen von Arbeitsabläufen
- ❑ Soziale und fachliche Angebote für Mitarbeiter
- ❑ Auszeichnungen (Mitarbeiter des Monats u. Ä.)
- ❑ Interne Projekte (Change Management, Qualitätszirkel u. Ä.)
- ❑ ...

Externe Kommunikation

Noch mehr Möglichkeiten gibt es bei der Kommunikation mit der Öffentlichkeit, also mit Kunden, Interessenten, Lieferanten, Banken, Geschäftspartnern, Nachbarn etc. sowie mit den Medien, mit Journalisten, Bloggern und anderen Multiplikatoren:

- ❑ Website
- ❑ Kurzprofil
- ❑ E-Mail-Signatur
- ❑ Newsletter
- ❑ E-Book
- ❑ Blog
- ❑ Gedruckte Publikationen: Broschüren, Flyer, Informationsblätter über Ihr Unternehmen
- ❑ Digitale Publikationen: Profil als PDF-Datei, PowerPoint-Präsentation
- ❑ Profile in Netzwerken und Adressverzeichnissen
- ❑ Direkt-Kommunikation (Werbebriefe u. Ä.)
- ❑ Kostenangebote
- ❑ Video- und Audio-Porträts
- ❑ Mitgliedschaften in Verbänden / Netzwerken
- ❑ Medienarbeit
- ❑ Kundenmagazin (digital / gedruckt)
- ❑ Veranstaltungen und Vorträge
- ❑ Werbung (online und offline)
- ❑ Telefonakquise
- ❑ Messen
- ❑ Verkaufsgespräche
- ❑ Sonderaktionen, zum Beispiel Rabatte
- ❑ Vorträge halten
- ❑ Empfehlungen
- ❑ Kooperationen
- ❑ ...

Welchen Mix an Instrumenten Sie für Ihre interne und externe Kommunikation nutzen wollen, hängt von vielen Faktoren ab. Dabei spielt auch das Thema Kosten eine Rolle. Messeauftritte sind selbstverständlich teurer als Online-Marketing mithilfe von Fachartikeln.

Für noch wichtiger halte ich aber die Frage: „Welche Maßnahmen passen zu mir / zu uns?". Manchen fällt die mündliche Kommunikation leicht. Telefonakquise, Vorträge oder Veranstaltungen sind kein Problem. Andere neigen mehr zur schriftlichen Kommunikation und verschicken gerne Presseinformationen oder Direkt-Werbung. Allerdings kommen mündliche und schriftliche Kommunikation selten völlig separiert vor. Dem Akquiseanruf geht zum Beispiel ein Werbebrief voraus. Der Presseinformation folgt in der Regel ein Telefonat mit dem Journalisten, in dem Sie das Thema noch einmal schmackhaft machen.

Was tun Sie so gerne, dass Sie über einen längeren Zeitraum am Ball bleiben? Ein Newsletter, der nur zwei- bis dreimal erscheint und dann wieder einschläft, war bestenfalls ein zeitaufwändiges Experiment und schädigt im schlimmsten Fall Ihr Image. Viele der aufgeführten Maßnahmen erfordern Kontinuität. Es ist ja nicht damit getan, dass Ihre schöne Image-Broschüre in Kartons in Ihrem Büro lagert. Sie werden sie aktiv unter die Leute bringen wollen. Zum Beispiel durch Versand an ausgewählte Adressaten, durch Verteilen auf Messen und Tagungen, durch Überreichen bei Gesprächen.

Die zentrale Frage lautet natürlich: „Welche Instrumente eignen sich am besten, um Öffentlichkeiten (Kunden, Interessenten, Multiplikatoren etc.) zu erreichen?" Am besten im Sinne von wirksam sowie Zeit und Kosten schonend. Das kann jeder nur für sich selbst beantworten. Den einzig wahren Königsweg und garantiert erfolgreiche Maßnahmen gibt es in der Kommunikation leider nicht – Versuch und Irrtum gehören immer dazu. Probieren Sie aus, welche Maßnahmen Ihnen die größten Erfolge bringen, und steigern Sie Ihr Engagement in diesen Bereichen.

Auf den folgenden Seiten stelle ich Ihnen die Instrumente vor, die ich häufig und mit Erfolg für kleine Unternehmen realisiert habe. Ich beleuchte, was für und was vielleicht gegen das Instrument spricht. Und Sie erfahren, was wichtig ist, wenn Sie eine Website, eine Broschüre oder Werbebrief-Kampagnen zum Erfolg führen wollen.

Zu guter Letzt besprechen wir einige generelle Aspekte, die Ihr Image und das Ihrer Mitarbeiter prägen:

- ❑ Kleidung
- ❑ Styling
- ❑ Stimme
- ❑ Körpersprache

Direkte Resonanz erzielen

Generell empfehle ich kleinen Unternehmen, bei der externen Kommunikation einen Schwerpunkt auf Instrumente zu setzen, die unmittelbare Resonanz erzielen können. Direkte Kommunikation (vor allem Werbebriefe, Blogs oder Newsletter sowie aktives Netzwerken) bringen Ihnen schneller Reaktionen von potenziellen Kunden als eine Buchveröffentlichung, die langfristig gut für Ihr Image sein kann.

Letztlich sind aber Ihr Selbstverständnis und Ihre strategische Ausrichtung ausschlaggebend bei der Auswahl der Instrumente. Es gibt kleine Unternehmen, die bewusst ihre gesamte Energie auf Medienarbeit konzentrieren. Das macht allerdings nur Sinn, wenn das Unternehmen immer wieder Neuigkeiten zu melden hat, die für Presse, Funk und Fernsehen wirklich interessant sind. Andere schalten viele Anzeigen und machen durch Hauswurfsendungen auf sich aufmerksam. Restaurants oder Geschäfte können so vor allem Kunden aus der Umgebung anziehen.

Eine weitere grundsätzliche Überlegung ist, welche Basis-Materialien Sie benötigen. Neben Ihrer Visitenkarte und dem Briefpapier wollen Sie sicherlich zumindest eine digitale oder gedruckte Informationsquelle über Ihr Unternehmen und Ihr Angebot haben. Ich kenne Unternehmer, die ohne Broschüre und Flyer auskommen und komplett aufs Internet und digitale Informationen setzen. Es geht aber auch umgekehrt: Ein Unternehmen kann einige Jahre ohne Website erfolgreich sein und nur mündlich und mit gedruckten Informationen arbeiten. Wie Sie wissen, geht der Trend aber schon lange dahin, auch im Internet sichtbar zu sein. Über kurz oder lang wird wohl jeder die Chance nutzen wollen, im World Wide Web gefunden zu werden.

Ihre Grundausstattung könnte so aussehen:

- ❑ Visitenkarte
- ❑ Briefpapier
- ❑ Website
- ❑ Gedruckte Information (Broschüre oder Flyer oder ausgedrucktes Kurzprofil)
- ❑ Digitale Information (digitales Kurzprofil zum Versand)
- ❑ Aussagekräftige E-Mail-Signatur
- ❑ Darstellung des Unternehmens in drei, vier Sätzen (als Abbinder für Presseinformationen, Werbebriefe u. Ä.)

Hinzu kommt der kontinuierliche Einsatz von Instrumenten, mit denen Sie mit Ihren Bezugsgruppen in Dialog treten.

Doch schauen wir uns einige Maßnahmen genauer an. Sie erhalten hier zwar keine detaillierte Anleitung, wie Sie zum Beispiel eine erfolgreiche Website erstellen können – dazu gibt es bereits eine Menge gute Bücher. Aber ich gebe in gebündelter Form weiter, worauf es bei den Materialien und Maßnahmen für kleine Unternehmen im Kern ankommt.

Möglicherweise erstellen Sie einige Materialien für Ihre Kommunikation selbst. Dann können Sie die folgenden Informationen als groben Leitfaden nutzen. Wahrscheinlich geben Sie aber eine ganze Reihe von Arbeiten nach außen. Dann lernen Sie hier die Kriterien kennen, auf die Sie achten müssen, wenn Sie die Qualität der abgelieferten Arbeiten prüfen. Besonders beim Design empfehle ich kleinen Unternehmen und Organisationen immer, die Arbeit von einem Profi erledigen zu lassen. Aber auch beim Text erleben viele die Unterstützung durch einen erfahrenen Texter als eine große Hilfe. Wer tiefer in die Materie einsteigen will, findet in der Literaturliste im Anhang Hinweise auf Bücher speziell zu den Themen PR, Websites, Flyer etc.

Behalten Sie bei allen Maßnahmen Ihre Identität im Auge

Die Gefahr, sich in den tausend Möglichkeiten der Corporate Communications zu verlieren, ist groß. Deshalb mein Rat: Entwickeln Sie ein Konzept für Ihre Kommunikation und halten Sie sich daran. Im Kapitel VI finden Sie eine Anleitung zur Konzeptentwicklung. Wichtig ist nicht nur, dass Sie sich an die einmal entschiedene Auswahl von Instrumenten halten und Kampagnen zu festgelegten Zeitpunkten konsequent durchziehen. Wichtig ist auch, Ihre zentrale Botschaft nicht aus den Augen zu verlieren. Ihre Schlüsselbotschaft sollte alle CI-Instrumente durchdringen. Widersprüche verwirren sowohl Mitarbeiter als auch Kunden, Geschäftspartner und Multiplikatoren. Stellen Sie sich zum Beispiel eine Physiotherapie-Praxisgemeinschaft vor, die für verschiedene Methoden und die ausführenden Therapeuten unterschiedliche Logos einsetzt. Der Wiedererkennungswert bleibt dabei auf der Strecke, die Praxis wird nicht als Ganzes wahrgenommen. Oder die Physiotherapeuten verschicken für die Gemeinschaftspraxis unkoordiniert Presseinformationen, in denen sie sich mal als „loses Netzwerk rund um Manuelle Therapie" darstellen, mal als „etabliertes Kompetenznetz für Physiotherapie". Alles leider schon vorgekommen – mit dem Effekt, dass ein diffuses Bild von der Praxis entsteht. Heute so, morgen ganz anders funktioniert beim Corporate-Identity-Management nicht.

Konsequentes Handeln ist gefragt. Und Transparenz! Wenn Sie einen Einzelhandelsbetrieb führen mit mehreren Filialen – sagen wir ein Brillengeschäft mit zwei, drei Niederlassungen –, wäre es höchst unprofessionell, eine Sonderaktion zu starten, ohne rechtzeitig Ihre Mitarbeiter in allen Geschäften zu informieren. Die Handzettel „Nur heute: 10 Prozent Rabatt auf alles, wenn Sie uns Ihre alte Brille geben" sind in den umliegenden Haushalten verteilt und die Verkäufer erfahren erst in der letzten Minute davon? Dann wird die Sache stressig – kein Stauraum für die alten Brillen, Mitarbeiter, die gedanklich nicht auf die Aktion vorbereitet sind. Noch ungeschickter wird die Maßnahme, wenn sie gar nicht zur Corporate Identity des Brillengeschäfts passt. Ein Optiker, der zum Beispiel die Kernbotschaft „Durchblick-Optik verkauft hochwertige Designer-Brillen und nimmt sich viel Zeit für intensive Kundenberatung" hat, sollte zu anderen Sonderaktionen greifen, die besser zu ihm passen. Zum Beispiel „Styling-Tage bei Durchblick-Optik: Lassen Sie sich vom Visagisten brillengerecht schminken!".

Kontrolle mit der VIVA-Formel

Bevor Sie sich entscheiden, Ihrer Kommunikation ein Instrument hinzuzufügen, können Sie mit der VIVA-Formel prüfen, ob es überhaupt zu Ihrer CI passt. Sie erinnern sich:

V – Vision
- ❑ Passt die Kommunikationsmaßnahme zu meiner Vision und meinen Werten oder steht sie im Widerspruch dazu?

I – Identität
- ❑ Ist die Maßnahme geeignet, unsere Unternehmensidentität zu unterstreichen?

V – Verhalten
- ❑ Steht sie im Einklang mit unserem Verhalten?

A – Auftritt
- ❑ Ist sie voraussichtlich wirkungsvoll (steigert unsere Bekanntheit, baut Vertrauen auf etc.)?

Nutzen Sie die VIVA-Formel für eine kurze Prüfung. Es geht sehr schnell und lohnt sich.

Interne Kommunikation

Ihr Leitbild

Das Leitbild gehört nicht in die Schublade, sondern in die Hände Ihrer Mitarbeiter. Es kann auf dem Schreibtisch liegen oder an einer Pinnwand hängen. Wenn Sie Ihr Leitbild übersichtlich gestalten und die wichtigsten Passagen grafisch hervorheben, bleibt der Blick immer mal wieder an einzelnen Sätzen hängen. Vielleicht haben Sie einen Slogan entwickelt, der Ihr Selbstverständnis bündelt und leicht zu merken ist.

Ein Leitbild, das in Ihrem Unternehmen sichtbar für alle Mitarbeiter ist, hilft dabei, sich immer wieder aufs Neue mit den Werten und Visionen Ihres Unternehmens zu verbinden und sie lebendig zu halten. Das gilt auch, wenn Sie Solo-Unternehmer sind, für Sie allein. So kann Ihr Leitbild Sie ähnlich wie eine Affirmation zu einer Ausrichtung auf Ihre Ziele motivieren.

Es ist zwar relativ ungewöhnlich, aber Sie können Ihr Leitbild auch der Öffentlichkeit zugänglich machen (zum Beispiel auf Ihrer Website). Der Vorteil ist, dass Sie Ihre Philosophie für jeden offenlegen. Jeder kann sich also ein Bild davon machen, was Ihre Vision ist und wie Sie dahin gelangen wollen. Bedenken Sie aber, dass Sie das Leitbild in erster Linie für sich selbst und Ihre

Mitarbeiter formulieren und die Details für ein breites Publikum nicht von Belang sind.

Briefe an Mitarbeiter

In seinem Buch „Großerfolg im Kleinbetrieb" empfiehlt Hans-Peter Zimmermann, die Mitarbeiter durch Briefe über die Geschäftsentwicklung auf dem Laufenden zu halten, zum Beispiel einmal im Quartal. Es geht um Briefe, die per Post an die Privatadresse des Mitarbeiters verschickt werden. Darin informieren Sie über die Entwicklung Ihres Unternehmens und über aktuelle Umsatzzahlen, Sie legen Pläne für die Zukunft offen und bedanken sich für die engagierte Mitarbeit. Aus meiner Sicht macht das vor allem Sinn, wenn die Mitarbeiterzahl etwas größer ist. Natürlich hat ein Brief immer eine starke verbindliche Wirkung. Doch wenn in Ihrem Unternehmen nur ein bis drei Mitarbeiter arbeiten, berufen Sie vielleicht lieber ein gemeinsames Treffen ein und kommunizieren mündlich. Die Zahlen können Sie selbstverständlich schriftlich aufbereiten und austeilen. Eine große Hilfe sind Briefe, wenn Sie 50 Mitarbeiter haben, die womöglich an unterschiedlichen Orten, zum Beispiel in verschiedenen Filialen Ihres Geschäfts, arbeiten.

Wie sehr Sie ins Detail gehen bei den Finanzen, ist Ihnen überlassen. Ich persönlich halte Transparenz gerade auch im finanziellen Bereich für absolut förderlich. Es beugt Spekulationen vor und hilft, Mitarbeiter zu motivieren. Die Zahlen müssen von den Mitarbeitern natürlich vertraulich behandelt werden. Das Offenlegen der Zahlen kann zur Folge haben, dass Ihre Mitarbeiter Sie am nächsten Tag um eine Gehaltserhöhung bitten. Doch damit müssen Sie ohnehin rechnen. Entscheidend ist dann, wie Ihre weitere Finanzplanung aussieht – vielleicht haben Sie Gehaltserhöhungen ohnehin geplant oder stattdessen größere Investitionen. Im Einzelnen ist wichtig: Kann Ihr Mitarbeiter Sie von seinem gestiegenen Wert überzeugen, der ein höheres Gehalt rechtfertigen würde?

Die Grundidee der schriftlichen Kommunikation mit Mitarbeitern ist, dass Sie Ihr Team über die Entwicklungen in Ihrem Unternehmen auf dem Laufenden halten. Das kommt häufig zu kurz. Man sieht sich fast täglich und hat den Eindruck, dass jeder alles Wesentliche mitbekommt. Genau das ist oft nicht der Fall. Keiner kann in Ihren Kopf schauen und Gedanken lesen. Die Form des Briefes beziehungsweise in abgeschwächter Form der E-Mail macht Ihre Auskünfte bedeutsam und verbindlich. Ich halte Mitarbeiter-Briefe und natürlich Gespräche für ein ausgezeichnetes Mittel, um einen guten Teamgeist zu erzeugen.

Beim Ton solcher Briefe empfiehlt sich ein freundlich-sachlicher Stil. Weder pompöse Euphorie oder dramatische Szenarien (wenn Sie einmal nicht nur Positives zu melden haben) noch ein amtlich-offizieller Sprachstil sind angebracht. Schreiben Sie natürlich, im Grunde so, wie Sie auch mit Ihren Mitarbeitern sprechen würden. Wenn Sie Probleme (zum Beispiel Verlust eines großen Kunden) ansprechen müssen, erklären Sie auch gleich, wie Sie das Beste daraus machen wollen (zum Beispiel verstärkte Akquise). Ihre Mitarbeiter hoffen darauf, dass Sie als Lenker/in des Unternehmens gerade in Krisensituationen mit starker positiver Energie als gutes Beispiel vorangehen. Sie dagegen hoffen, dass Ihre Mitarbeiter auch in schwierigen Zeiten mit Ihnen an einem Strang ziehen. Gemeinsam können Sie viel bewegen. Genau darum geht es bei bewusst gesteuerter Corporate Identity.

Bei Solo-Unternehmern fallen Mitarbeiter-Briefe natürlich weg. Allerdings lohnt es sich, am Jahresende zu überlegen, mit welchen freien Mitarbeitern oder Zulieferern Sie zusammengearbeitet haben. Vielleicht wollen Sie ihnen einen Brief schreiben und sich für die Zusammenarbeit bedanken und sie gegebenenfalls in weitere Pläne einweihen.

Gespräche mit Mitarbeitern

Mehr darüber lesen Sie im Kapitel IV Corporate Behaviour.

Ausflüge und Feste

Gemeinsame Ausflüge und Feste können das Wir-Gefühl stärken. Aber nur, wenn die Stimmung vorher schon gut war. Meiner Erfahrung nach lässt sich schlechte Stimmung damit nicht bereinigen. Offene Gespräche mit viel Goodwill sind dazu viel besser geeignet.

Geburtstagskarten / Geschenke für Mitarbeiter

Wie so vieles müssen Geburtstagskarten oder Geschenke nicht sein, können aber eine nette Geste sein. Achten Sie als Unternehmensinhaber darauf, bei persönlichen Glückwünschen alle Mitarbeiter gleichzubehandeln.

Internes Magazin und Intranet

Ein Mitarbeiter-Magazin ebenso wie eine interne Website nur für Mitarbeiter (Intranet) nutzen nur sehr wenige kleine Unternehmen. Denn der Aufwand, ein Magazin oder einen Intranetauftritt zu entwickeln, ist recht hoch und lohnt sich selten bei 50 Mitarbeitern. Natürlich gibt es Ausnahmen. Wenn zum Beispiel eine Bäckerei mit mehreren Filialen mit den verstreut arbeitenden Mitarbeitern kommunizieren will, ist ein Intranet schon sehr praktisch.

Arbeitsplatzbeschreibung

Es hilft sowohl dem Inhaber als auch dem Mitarbeiter, wenn für jede Position eine klare Beschreibung des Arbeitsplatzes entwickelt wird. Welche Aufgaben fallen in die Verantwortung des Mitarbeiters? Legen Sie gemeinsam fest, was in der Verantwortung des Mitarbeiters liegt.

Zielvereinbarungen

Sie können mit jedem einzelnen Mitarbeiter gemeinsam festlegen, welche Ziele er oder sie bis zu einem bestimmten Zeitpunkt erreicht haben soll. Das kann vor allem bei Projektarbeit sehr hilfreich sein.

Festlegen von Arbeitsabläufen

Wer häufig wiederkehrende Arbeitsabläufe schriftlich fixiert, gibt seinen Mitarbeitern eine klare Richtschnur vor. Und neuen Mitarbeitern erleichtert es die Einarbeitung.

In der PR-Agentur, die ich mit zwei Partnern geführt habe, haben wir unter anderem den Prozess der Website-Entwicklung genau festgelegt. Welche Etappen fallen an, wann müssen Freigaben erfolgen, wie lange sollen einzelne Arbeitsschritte und der gesamte Prozess dauern – diese und andere Fragen haben wir im Papier „Projektablauf Websites" geklärt.

Soziale und fachliche Angebote für Mitarbeiter

Wie frischen Ihre Mitarbeiter ihre fachlichen Kenntnisse und sozialen Fähigkeiten auf? Vielleicht erwarten Sie, dass sie das selbst in die Hand nehmen, oder Sie geben Impulse beziehungsweise fördern Trainings.

Auszeichnungen (Mitarbeiter des Monats u. Ä.)

Dieses Mittel der Mitarbeiter-Motivation kennt man vor allem aus der Hotellerie und anderen Branchen mit hohem Publikumsaufkommen. Auszeichnungen sollen als Belohnung und Ansporn zugleich dienen.

Interne Projekte (Change Management, Qualitätszirkel u. Ä.)

„Problem erkannt – Problem gebannt" könnte das Motto eines Qualitätszirkels sein, bei dem Sie und Ihre Mitarbeiter Schwächen auf die Spur kommen wollen. Gemeinsam machen Sie sich Gedanken, wie sich Ihr Unternehmen und Ihr Angebot immer weiter verbessern lassen.

Externe Kommunikation

Website

Ich stelle die Website bewusst an den Anfang der Instrumente für externe Kommunikation, auf die ich etwas genauer eingehe. Aus meiner Sicht ist ein Auftritt im Internet eine der besten Möglichkeiten für kleine Unternehmen, ihre Identität darzustellen und auf sich aufmerksam zu machen. Wenn Sie zu den Unternehmern gehören, die ihre Produkte oder Dienstleistungen übers Internet verkaufen wollen, ist das World Wide Web ohnehin der Kommunikationskanal Nummer eins.

Im Vergleich zu gedruckten Materialien können Sie Ihre Website ohne großen Aufwand und Kosten aktualisieren und so Ihrem sich weiterentwickelnden Selbstverständnis anpassen. Ihre Website kann sozusagen mit Ihrem Unternehmen reifen und wachsen. Zumindest einmal im Jahr ist eine gründliche Prüfung angesagt: Passt die Website noch zu mir oder zu uns?

Anlässe für ein „Updaten" Ihrer Internetpräsenz können sein:

- ❑ Sie nehmen neue Angebote in Ihre Leistungspalette auf
- ❑ Ihr Team an Mitarbeitern hat sich vergrößert oder verändert
- ❑ Sie wollen bestimmte Produkte durch eine Gutschein-Aktion bewerben
- ❑ Termine von Veranstaltungen müssen aktualisiert werden
- ❑ Sie bieten etwas Kostenloses an, zum Beispiel Fachartikel zum Download
- ❑ Zufriedene Kunden geben Statements zur Zusammenarbeit mit Ihnen ab
- ❑ Sie wollen Ihrer Website ein Video-Porträt von sich hinzufügen

Jeder, der bereits einen Internetauftritt auf die Beine gestellt hat, weiß: Eine Website zu entwickeln und zu pflegen ist eine anspruchsvolle Aufgabe. Viele Faktoren sind zu beachten, die alle in Verbindung stehen mit Ihrer Corporate-Identity-Strategie. Wer sich zum Beispiel als technisch innovatives Unternehmen betrachtet, wird mit einer simplen, textlastigen HTML-Website keinen stimmigen Eindruck erzielen können. Modernere Anwendungen sind dann gefragt.

Die fünf zentralen Aspekte beim Entwickeln einer Website sind:

- Technik und Programmierung
- Konzept und Navigation
- Inhalte: Texte, Fotos, interaktive Anwendungen und Design
- Bewerben der Website
- Dauerhafte Pflege

Technik und Programmierung

Gleich zu Projektbeginn werden Sie eine generelle Entscheidung treffen: Wollen Sie eine statische Website (meist mit HTML erstellt) ins Netz stellen oder eine dynamische (mit einem Content-Management-System entwickelt)?

Je häufiger Sie vorhaben, Ihrer Website aktuelle Inhalte hinzuzufügen, desto eher kommt ein Content-Management-System (CMS) für Sie in Frage. Wenn es Ihnen lediglich darum geht, eine Art „digitale Visitenkarte" ins Internet zu stellen, die wahrscheinlich nur alle paar Jahre etwas angepasst werden muss, reicht eine statische Seite aus. Denken Sie aber bitte schon heute ein Stück voraus: Studien belegen, dass das Internet für immer mehr Menschen zu einer der wichtigsten Informationsquellen wird. Im Jahr 2007 nutzten bereits 68 Prozent aller Menschen in Deutschland das Internet (Quelle: DESTATIS 2008). Mit einer Website, auf der Sie aktuelle, wertvolle Inhalte bieten, können Sie mehr erreichen.

Sie haben die Wahl: Ein CMS ist in der Anschaffung meist etwas teurer als eine reine HTML-Programmierung. Dafür können Sie anschließend Änderungen sehr einfach selbst umsetzen. Bei einer statischen Seite beauftragen Sie dagegen immer wieder Ihren Programmierer mit Aktualisierungen, es sei denn, Sie oder ein Mitarbeiter verfügen über entsprechende Fachkenntnisse.

Konzept / Inhalte

Wie bei jedem Konzept geht es zunächst um die Frage nach Ihren Zielen:

- Was wollen Sie mit der Website erreichen?

Oder auch: Welchen Stellenwert nimmt Ihre Website in Ihrer gesamten Kommunikation ein? Ihr Internetauftritt kann eine große oder eher untergeordnete Rolle spielen im Mix der Corporate Communications. Manche betrachten die Website wie einen Eintrag in ein Branchen- oder Adressbuch und wollen nur mit ihren Kontaktdaten und wenigen Infos zum Unternehmen präsent sein. Andere sehen ihre Website als Herzstück der gesamten Kommunikation. In diesem Fall empfiehlt es sich, den Internetnutzern möglichst viel von dem zu bieten, was sie in der Regel suchen. Und das sind bekanntlich nicht digitalisierte Werbekampagnen, sondern wertvolle, nützliche oder unterhaltsame Informationen.

Im Vordergrund steht hierbei eine schlüssige Content-Strategie. Welche Inhalte (vor allem Texte, Fotos, Audio- oder Videocasts, Möglichkeiten zur Interaktion) wollen Sie liefern und in welchem Turnus aktualisieren? Dieser Ansatz erfordert, dass Sie eher wie ein Verleger denken als wie jemand, der sein Unternehmen präsentieren möchte. Ihr Unternehmen wird dennoch sichtbar: Es profiliert sich als Lieferant nützlicher Inhalte. Informieren, Kontaktaufnahme leicht machen, zum Eintrag in eine Newsletter-Liste motivieren, Vertrauen aufbauen, verkaufen – das alles sind Ziele, die Sie mit Ihrer Website verfolgen können.

Viele Unternehmer kombinieren die Ansätze Unternehmensdarstellung und Informationen für allgemein Interessierte miteinander: Solche Websites geben in fünf oder mehr Menüpunkten relativ ausführlich Auskunft über Leistungen, Mitarbeiter, Kundenreferenzen und Kontaktdaten des Unternehmens. Hinzu kommen sinnvolle Informationen für Besucher, die (noch) nicht am Unternehmen selbst interessiert sind. Das können Brancheninformationen sein, Auskunft über aktuelle Studien, allgemeine Ratschläge zu den Themen, die Ihr Unternehmen abdeckt. Zum Beispiel erklärt Klavierstimmer Bernhard Haas auf seiner Website www.stimmungsmacher.com sehr anschaulich, wie die Mechanik eines Klaviers funktioniert, und fügt auch Zeichnungen hinzu.

Häufig werden solche Infos zum kostenlosen Download als PDF-Dateien zur Verfügung gestellt. Sie können auch Audio- oder Video-Beiträge, einen Newsletter und Fachartikel oder den Wetterbericht und eine Live-Kamera auf Ihre Website stellen. Letztere Features natürlich nur, wenn ein Bezug zu Ihrem Angebot besteht. All das hat zum Ziel, Ihre Interessenten zum mehrmaligen Besuch zu animieren und Vertrauen in die Kompetenz Ihres Unternehmens aufzubauen. Ein weiterer Vorteil von guten Inhalten auf Ihrer Website ist, dass Sie besser über Suchmaschinen gefunden werden. Denn „content is king" bei den Suchmaschinen. Mit guten Inhalten werden Sie unter bestimmten Schlüsselbegriffen besser über Google & Co. gefunden.

Wie auch immer Sie sich entscheiden, bitte widmen Sie den Texten Ihrer Website besonders viel Aufmerksamkeit. Internetleser wollen schon beim Überfliegen der Startseite wissen, ob sie bei Ihnen richtig sind. Und das können Sie klar und deutlich vermitteln.

Darauf kommt es beim Texten einer Website für kleine Unternehmen an

Bevor es ans Texten Ihrer Website geht, müssen Sie wieder eine Grundsatz-Entscheidung treffen: Ist es Ihnen sehr wichtig, Ihre Seite für Suchmaschinen zu optimieren? Oder steht dieser Aspekt an zweiter Stelle?

Anders gefragt: Wollen Sie eher für Menschen oder für Such-Roboter schreiben?

Jetzt kommt es auf Ihre Marketing-Strategie an. Jeder, der sein Angebot in erster Linie übers Internet verkaufen will, wird stark auf Suchmaschinen-Optimierung (SMO oder SEO für Search Engine Optimisation) setzen. Die meisten Hotels und Reiseanbieter zum Beispiel nutzen SMO als zentrale Strategie ihres Online-Marketings. Es gibt zahlreiche Fachbücher und Experten, die sich auf diesen Bereich spezialisiert haben.

An dieser Stelle nur einige Hinweise zum Aspekt Text: Ermitteln Sie die Keywords, unter denen Ihre Kunden nach Angeboten wie den Ihren suchen, und bauen Sie sie in Ihre Website-Texte ein. In Ihre Überschriften, den Fließtext und auch in die Seitentitel. Such-Roboter durchforsten Websites nach Keywords. Diese Schlüsselbegriffe (einzelne Schlagworte oder besser noch Wort-Kombinationen) sollten nicht zu oft und nicht zu selten auf Ihrer Website auftauchen und einen sinnvollen Text ergeben. Eine Faustregel lautet: Die Keyword-Dichte soll bei rund drei Prozent liegen. Als Texterin liegt mir eine gute Balance von leser- und suchmaschinenfreundlichem Text am Herzen. Die Website-Texte sollten keine Aneinanderreihung von Keywords im Telegrammstil sein, sondern die Leser ernst nehmen und Sachverhalte interessant und leicht verständlich erklären. Wenn Sie längere Texte ins Internet stellen, empfiehlt es sich, den Ausdruck dieser Texte so bequem wie möglich zu gestalten. Zum Beispiel mit einem Druck-Button unter dem Text.

Vor allem Dienstleistern wie Beratern, Trainern und Coachs möchte ich empfehlen, ihr individuelles Profil sehr klar herauszuarbeiten. Häufig ähneln sich die Angebote in den beratenden Berufen und die Person – mit ihrer Fachkompetenz und ihren zwischenmenschlichen Fähigkeiten – wird zum wichtigsten Auswahlkriterium für Interessenten.

Intros – nein danke?

Suchmaschinen sind ein Argument gegen animierte Flash-Intros oder pure Grafiken und Fotos auf einer vorgeschalteten Seite. Suchmaschinen finden meist nur den Button „Weiter" auf dieser vermeintlichen Startseite und dieses Wort ist sicherlich nicht der beliebteste Suchbegriff Ihrer potenziellen Kunden. Auch aus Sicht Ihrer Website-Besucher halte ich ein Intro für wenig attraktiv. Beim ersten Mal mögen die bewegten Bilder den ein oder anderen noch unterhalten. Aber denken Sie bitte auch an wiederkehrende Besucher. Die sind nicht gerade begeistert, ständig auf „Intro überspringen" klicken zu müssen, bevor sie zu den eigentlichen Informationen gelangen. Mit einem animierten Intro sollen meist Emotionen angesprochen werden – eine gute Idee! Das gelingt Ihnen aber auch, wenn Sie das Stück Bewegtbild auf Ihrer Startseite integrieren. Vielleicht mit dem Hinweis „Machen Sie sich ein Bild in 60 Sekunden" – zusätzlich zu einem Starttext, der Ihr Unternehmen und Ihr Angebot oder Thema unmissverständlich vorstellt und entscheidende Keywords enthält.

Impressum

Das Impressum bitte nicht vergessen. Sie sind dazu verpflichtet, namentlich für Ihr Unternehmen einzustehen. Damit vermeiden Sie Abmahnungen. Es gibt zahlreiche Anbieter im Internet, die solch ein Impressum als Muster zur Verfügung stellen, zum Beispiel Certiorina auf www.certiorina.de
Angehörige freier Berufe wie Ärzte, Anwälte oder Architekten müssen im Impressum außerdem auf die Mitgliedschaft in der für sie zuständigen Kammer verweisen.

Was macht nun einen guten Internettext aus?

Hier meine Top-5-Knackpunkte für gute Website-Texte:

- Schreiben Sie Klartext
- Verfolgen Sie ein klares Ziel
- Bieten Sie Ihren Bezugsgruppen Nutzen
- Halten Sie Ihre Wörter und Sätze kurz
- Denken Sie nichtlinear

Schreiben Sie Klartext

Bei Website-Texten gilt noch viel mehr, was bei allen werblich-informativen Texten hilfreich ist: Ihre Leser freuen sich, wenn Sie es ihnen leicht machen, Sie zu verstehen. Ihre Website wird zunächst einmal überflogen und darf deshalb keine Rätsel aufgeben.

Ich stelle Ihnen hier einen Startseitentext vor, den ich für eine Unternehmerin überarbeitet habe. Netterweise hat sie nichts dagegen, dass ich dieses Beispiel öffentlich mache. Ich hoffe, Sie können daraus Verbesserungen für Ihre eigenen Texte ableiten.

Rechts oben der ursprüngliche Text, den ich recht unverständlich fand.

Ich möchte dazusagen, dass auf der Website der Firma ganz oben neben dem Logo „Wärme-, Wasserzähler und Zubehör" zu lesen ist und dass auch die Menüpunkte auf der linken Seite diese Begriffe wiederholen.

Dennoch habe ich den Text stark umgeschrieben. Warum? Mein Hauptproblem mit dem Text war: Nicht einmal die Zielgruppe kann schnell erfassen, um was es hier geht.

Der Messgeräte-Service kennt meine Bedürfnisse besser als ich? Darüber lässt sich im besten Fall schmunzeln, es macht aber eher etwas ratlos. Welche Bedürfnisse – und wessen? Das wird nirgendwo konkret gesagt.

„Wir kennen IHRE BEDÜRFNISSE besser als Sie.
Profitieren Sie von unserer mehr als 10-jährigen Erfahrung mit der Beschaffung und dem Umgang von Messgeräten zur verbrauchsabhängigen Wärme- und Wasserkostenabrechnung.

Machen Sie Ihre Probleme zu unseren.
Sie können einen Wärme- oder Wasserzähler nach abgelaufener Eichzeit und bevorstehendem Austausch nicht identifizieren? Senden Sie uns Ihre Anfrage.
Aber:
Geht nicht?
Gibt's nicht bei uns, denn wir sind nicht normal.

Wir kennen keine Probleme, WIR KENNEN LÖSUNGEN.
Wir bieten Ihnen umgehend ein adäquates Produkt zu günstigen Konditionen für Ihre Bedürfnisse an.

E-Mail-Adresse ..."

Mein Feedback an die Unternehmerin:
„Wir kennen IHRE BEDÜRFNISSE besser als Sie" ist eine Behauptung, die in dem Text nicht erklärt wird. Es werden kaum spezielle Bedürfnisse aufgelistet. Der Satz klingt daher etwas unsympathisch, anmaßend. Deshalb empfehle ich Ihnen einen komplett anderen Einstieg (siehe unten). Außerdem hat die bisherige Überschrift den großen Nachteil, Ihr Produkt überhaupt nicht zu erwähnen! Da viele Menschen eine Website nur grob scannen, müssen Überschriften besonders aussagekräftig sein.

Der Starttext auf einer Website sollte möglichst das ganze Thema umreißen und die entscheidenden Fragen klären. Daher ist der neue Text jetzt ca. 50 Wörter länger. Aber jetzt gibt er keine Rätsel mehr auf und ist für Suchmaschinen besser geeignet, da Ihr Angebot auch im so wichtigen Starttext aufgelistet wird. Aus denselben Gründen ist es ratsam, die Zielgruppe direkt im Text zu nennen, in Ihrem Fall also Sanitär- und Heizungsinstallateure.

Ich habe nun versucht, Ihren lockeren Tonfall beizubehalten, aber alles viel konkreter zu formulieren. Damit wirklich klar wird, was Sie eigentlich anbieten. Ein Internet-User checkt sehr kurz vor allem eine Frage: Bin ich hier richtig? Das ist jetzt viel klarer."

Hier die überarbeitete Version:

„Probleme mit Wärme- und Wasser-Messgeräten?
Gibt's bei uns nicht. Wir kennen nur Lösungen!

Sanitär- und Heizungsinstallateure aufgepasst: Hier werden Sie fündig. Egal, ob Sie ein spezielles Messgerät suchen oder nur eine Frage haben.

Wo klemmt's denn?
Sie können einen Wärme- oder Wasserzähler nach abgelaufener Eichzeit und bei bevorstehendem Austausch nicht identifizieren? Senden Sie uns Ihre Anfrage!

Das können Sie uns glauben:
Nach 10 Jahren Erfahrung im Umgang mit Messgeräten zur Wärme- und Wasserkosten-Abrechnung kennen wir jedes Problem ...
... und finden für Sie die optimale Lösung.

Sie erhalten bei uns
- Alle lieferbaren Wärme- und Wasserzähler sowie Zubehör
- Unser leicht und schnell zu montierendes Messgerätesystem zu einem unschlagbaren Preis
- Heiz-/Hausnebenkosten-Abrechnung, Garantie-/Eichservice, Montage-/Bedienungsanleitungen

Service
- Kurze Lieferzeiten innerhalb von 48 Stunden nach Zahlungseingang
- Versand direkt an die von Ihnen gewünschte Lieferadresse
- Sonderrabatt bei Abnahme von kompletten Verpackungseinheiten

Haben Sie ein Problem oder Interesse an unseren Produkten und Dienstleistungen?

Einfach eine E-Mail schicken: ..."

Sie sehen: Der lockere Tonfall wurde beibehalten. Zentrale Keywords wie Messgeräte und Wärme- und Wasserzähler erscheinen mehrfach sinnvoll in den Kontext eingebettet. Die anderen entscheidenden Veränderungen erkennen Sie sicher selber. Schauen Sie einmal kritisch auf Ihre eigenen Texte: Was können Sie noch klarer ausdrücken?

Verfolgen Sie ein klares Ziel

Was soll Ihre Website in erster Linie leisten?

- ❑ informieren, Vertrauen aufbauen, Ihr Image pflegen
- ❑ motivieren, Ihren Online-Shop zu besuchen
- ❑ die Eintragung in Ihre Newsletter-Liste promoten
- ❑ aktuelle Veranstaltungen und Termine ankündigen
- ❑ eine Anfrage per E-Mail oder Telefon auslösen

Oder verfolgen Sie mehrere Ziele? Sie wissen ja aus Ihrer unternehmerischen Tätigkeit, wie wichtig das Setzen von Prioritäten ist. Das ist bei Ihrer Website nicht anders. Ich habe immer wieder gemerkt: Der wichtigste Schritt zu einem erfolgreichen Internetauftritt ist, sich klarzumachen, was man konkret mit der Website erreichen will. Je quantifizierbarer Ihre Ziele, desto einfacher fällt später eine Prüfung, ob Sie sie erreicht haben.

Aus den Zielen lassen sich anschließend die erforderlichen Inhalte gut ableiten.

Bieten Sie Ihren Bezugsgruppen Nutzen

Eine Website dient nicht dazu, über viele Seiten hinweg mehr oder weniger lautstark die Werbetrommel für sich selbst zu rühren. Viele Surfer suchen nicht gezielt nach Ihrem oder überhaupt einem Unternehmen, sondern sind an den Themen interessiert, die Sie abdecken. Und doch: Ja, es kommen auch Interessenten auf Ihre Website, die Sie näher kennen lernen wollen. Gerade für kleine Unternehmen empfehle ich daher, dass sie im wörtlichen Sinne Gesicht zeigen im Internet.

Bei Dienstleistern wie Beratern, Coachs, Trainern, freien Architekten, Ingenieuren, Auditoren, Grafikern etc. gehört es fast schon zum Pflichtprogramm, ein gutes Porträt-Foto von sich auf die Website zu stellen. Die Besucher wollen wissen, wer hinter dem Angebot steht. Aber auch für alle anderen kleinen Unternehmen halte ich die persönliche Präsenz per Foto oder Video-Porträt für eine wunderbare Möglichkeit, die eigene Einzigartigkeit herauszustellen. Führen Sie und Ihre Familie ein Hotel? Zeigen Sie sich und Ihr Team. Kochen Sie in Ihrem Restaurant selbst? Machen Sie sichtbar, wer hinter dem Herd steht. Vertreiben Sie Produkte ausschließlich über einen Online-Shop? Bauen Sie Vertrauen auf, indem Sie beweisen, dass echte Menschen hinter dem virtuellen Geschäft stehen.

Beim Texten der Website fragen Sie sich: „Worauf sind meine Website-Besucher neugierig?". Hier eine Auswahl:

- ❑ Fotos und / oder Video-Porträt von Ihrer Person und Ihrem Team
- ❑ Angaben zum Gebrauch Ihrer Produkte
- ❑ Hilfen zur Kaufentscheidung
- ❑ Einblick in den Ablauf der Zusammenarbeit mit Ihnen
- ❑ Antworten auf häufig gestellte Fragen

Praxis-Tipp Verständliche Sätze

1. **Kurze Sätze sind leichter verständlich als lange.**
   Tipp: Achten Sie darauf, dass die meisten Sätze im Text nicht mehr als 25 Wörter oder eine Länge von 400 Pixeln haben.

2. **Es gibt eine einfache Möglichkeit, zu lange Schachtelsätze zu entwirren und neu zu ordnen: Lassen Sie zusammen, was zusammengehört.**
   Tipp: Was im Satz zusammengehört, sollte durch höchstens zwölf Silben – das sind durchschnittlich sechs Wörter – voneinander getrennt sein. Und das gehört zusammen:
   - Hauptsätze. Sie sollten nicht durch eingeschobene Nebensätze auseinandergerissen werden. Hängen Sie Nebensätze vielmehr hinten an oder beginnen Sie einen neuen Satz.
   - Die Bestandteile eines trennbaren, zweiteiligen Verbs (wie anbieten / bieten ... an)
   - Artikel und Substantiv (die ~~qualifizierten, geduldigen, erfahrenen, freundlichen~~ Fahrlehrer)
   - Subjekt und Prädikat (die Fahrlehrer~~, die alle über eine exzellente Ausbildung verfügen,~~ haben Geduld)

3. **Hauptsätze sind für Ihren Website-Text eine hervorragende Wahl. Sie sind dem spontanen Sprachgebrauch am nächsten, sind leicht zu verstehen und oft besonders einprägsam.**
   Tipp: Schreiben Sie viele Hauptsätze, vor allem, wenn Sie etwas Wichtiges zu sagen haben. Denn Hauptsachen gehören in Hauptsätze.

4. **Gut verständlich wird Ihr Website-Text außerdem, wenn Sie pro Satz nur eine wichtige Information vermitteln.**
   Tipp: Wenn Sie schwierige Sachverhalte einfach erklären wollen, geben Sie nur eine neue Information pro Satz.

5. **Eins nach dem anderen: Je strikter Sie die Bestandteile eines Satzes in eine chronologische Reihenfolge bringen, desto leichter ist ein Sachverhalt nachvollziehbar.**
   Tipp: Wählen Sie für Aufzählungen und chronologische Ereignisse die simpelste aller Reihenfolgen. Nennen Sie erst einen Gedanken, dann den zweiten, dann den dritten ...

Halten Sie Ihre Wörter und Sätze kurz

In meinem Buch „Flyer optimal texten, gestalten, produzieren" habe ich die Grundlagen überzeugender Texte ausführlich dargestellt. Meine Empfehlung dort: Schreiben Sie strukturiert – schreiben Sie verständlich – schreiben Sie überzeugend. Der wichtige Aspekt Verständlichkeit übertragen auf die Anforderungen von Websites, siehe hierzu Kasten „Praxis-Tipp" auf der rechten Seite.

Noch ein Tipp: Verzichten Sie auf die Wörter „ich" und „wir" in der Überschrift und im ersten Absatz Ihres Startseitentextes. Ihre Leser sind anfangs noch nicht so weit, dass sie mehr über Sie erfahren wollen. Erst einmal beantworten Sie die unausgesprochenen Fragen Ihrer Interessenten: „Ist das etwas für mich?" und „Was bringt mir das?". Sie können Ihre Leser zum Beispiel direkt ansprechen und ihnen erklären, wie sie von Ihren Angeboten profitieren.

Denken Sie nichtlinear

Wir lesen eine Website bekanntlich nicht wie ein Buch von Anfang bis Ende. Eine Website hat keinen klaren Anfang und kein klares Ende – im Internet wird nichtlinear gelesen. Die Leser Ihrer Website springen von einem Punkt zum anderen, in welcher Reihenfolge, ist für Sie nicht mit Sicherheit vorhersehbar. Außerdem werden Texte oft nur kurz überflogen.

Diesen Lesegewohnheiten versuchen Sie sich durch nichtlineares Schreiben anzupassen. Das bedeutet vor allem:

- Sie können (bis auf die Startseite) bei den Texten nicht voraussetzen, dass an anderer Stelle gegebene Informationen bereits gelesen worden sind.
- Das macht Wiederholungen zum Teil notwendig.
- Sie müssen davon ausgehen, dass viele Texte nur auf Schlagworte „gescannt" werden, die dem Leser signalisieren: „Das ist etwas für mich".
- Das macht häufige Zwischenüberschriften oder andere grafische Hervorhebungen sinnvoll.

Design

Meiner Erfahrung nach muss bei den meisten Websites nicht das Design optimiert werden, sondern das Konzept und der Text. Wichtig ist die Gestaltung Ihrer Website dennoch, denn sie trägt wesentlich zu einem guten Gesamteindruck bei. Mit dem Web-Design erwecken Sie den ersten Eindruck, laden Ihre Besucher ein oder schrecken sie ab. Auch beim Web-Design gilt die alte Gestalter-Regel „Form follows function".

Das Design ist nicht schöner Selbstzweck, sondern soll die Ziele Ihrer Website unterstützen. Je affiner Ihr Unternehmen zu ästhetischen Themen, desto größer ist auch die Rolle Ihrer Gestaltung im Internet. Eine selbstständige Modedesignerin wird zum Beispiel großen Wert darauf legen, dass das Web-Design die Anmutung, das „Look and Feel" ihrer Mode trifft. Für einen beratenden Ingenieur wird es wichtiger sein, dass seine Dienstleistung und seine persönlichen Qualitäten sichtbar werden. Durch eine klare Gestaltung und vor allem durch Erklärung seiner Services.

Sie werden Ihre Website grafisch auf Ihr Corporate Design abstimmen wollen. Ihr Logo gehört natürlich gut sichtbar und mit stimmigem farblichen Hintergrund auf Ihre Website. Darüber hinaus sind alle weiteren Regeln aus Ihrem Corporate-Design-Manual zu beachten. Lassen Sie sich gut dazu beraten. Fragen sind zum Beispiel:

- ❑ soll das Logo original auf der Website integriert werden?
- ❑ oder sind leichte Abwandlungen in Form und Farbe zwecks besserer Lesbarkeit sinnvoll?
- ❑ wo und in welcher Größe soll das Logo platziert werden?

Ihr Logo auf der Website ist wichtig, aber längst nicht alles, was es beim Web-Design zu beachten gibt. Die gesamte Gestaltung aller Seiten soll zu Ihrer Identität passen. Die Gewichtung von Text- und Bildanteilen, die Inhalte von Fotos, der Umgang mit Ihrer Hausschrift und der Schrift auf der Website, Abstände, Farben und interaktive Angebote – alles soll den Eindruck erzeugen, der Ihrer CI entspricht und den Sie bei den Website-Besuchern hinterlassen wollen.

Bewerben / Pflegen

Nach wochenlanger Arbeit ist die Website endlich gestemmt – und keiner klickt sie an. Das wollen Sie natürlich vermeiden. Also bewerben Sie Ihre Website offensiv. Die Anmeldung bei dem Verzeichnis dmoz und bei Foren, Netzwerken und Adressverzeichnissen gehört dazu. Auch eine Online-Pressekampagne kann Ihre Website bekannter machen. Zum Beispiel können Sie auf einen kostenfreien Fachartikel aufmerksam machen, den Sie auf Ihrer Website zum Download bereitstellen.

Vorsicht ist geboten bei den Angeboten im Stil von „Wir tragen Sie in 1.000 Suchmaschinen ein". Das bringt gar nichts und ist womöglich sogar kontraproduktiv. Die Suchmaschinen finden neue Seiten auch von alleine. Bis brandneue Seiten in den Index aufgenommen werden, dauert es schon mal einige Wochen, vor allem wenn die Domain ganz frisch registriert ist.

Zur regelmäßigen Pflege gehört zum Beispiel, dass Sie von Zeit zu Zeit überprüfen, ob Links auf externe Websites noch funktionieren. Aber auch ein Check-up sämtlicher Texte, Fotos und sonstiger Inhalte: „Passen die Botschaften noch zu Ihrem Selbstverständnis?" und „Gibt es Neuigkeiten und Veränderungen, über die Sie Ihre Kunden, Lieferanten und andere Bezugsgruppen informieren wollen?". Am besten beauftragen Sie sich selbst oder einen Mitarbeiter damit, die Website in Abständen von zum Beispiel drei Monaten (bei wenig aktuellem Content) oder häufiger auf Verbesserungsmöglichkeiten zu durchforsten.

Ein herzlicher Dank geht an Christian Schloh von subetha design, der wertvollen Input zu meinem Beitrag über Websites geliefert hat.

Website erstellen — Leitfaden

Entscheiden Sie gleich zu Beginn Ihrer Arbeit an der Website:

- ❑ Statische Website mit HTML – bei seltenen Aktualisierungen
  oder
- ❑ Dynamische Website mit CMS – bei häufigen Aktualisierungen

- ❑ Website hat hohen Stellenwert im Kommunikationsmix – umfassende Content-Strategie entwickeln
  oder
- ❑ Website dient eher als Visitenkarte im Internet – vier bis fünf Menüpunkte mit den wichtigsten Informationen entwickeln

Setzen Sie Ihre Website entsprechend Ihrer CI konsequent um:

- ❑ Texte für Menschen schreiben und zugleich für Suchmaschinen optimieren
- ❑ Auf Intros, also Filme, Grafiken und Fotos auf vorgeschalteten Startseiten, verzichten
- ❑ Korrektes Impressum nicht vergessen
- ❑ Web-Design auf Ihr Corporate Design abstimmen
- ❑ Bewerben und Pflegen Ihrer Website einplanen

Auf Ihrer Startseite folgende Punkte ohne Umwege deutlich machen:

- ❑ Um welches Thema geht es – was bieten Sie an?
- ❑ Für wen ist Ihr Angebot das richtige?
- ❑ Wer steckt dahinter (Sie / Ihr Unternehmen)?
- ❑ Wie kann man mit Ihnen Kontakt aufnehmen?
- ❑ Was kann ich auf dieser Website machen?

Kurzprofil

Ein Kurzprofil ist ein hervorragendes Mittel für kleine Unternehmen und Organisationen, sich darzustellen. Es kann in Form eines ein- oder zweiseitigen Schreibens daherkommen (ausgedruckt und digital) oder als Flyer beziehungsweise Broschüre.

Beantworten Sie in Ihrem Kurzprofil folgende Fragen:

- ❑ Wer ist Ihre Zielgruppe? Welche Menschen sind Ihre Kunden / wollen Sie als Kunden?
- ❑ Welches dringende Problem Ihrer (potenziellen) Kunden können Sie lösen?
- ❑ Mit welchen Ergebnissen können Ihre (potenziellen) Kunden rechnen?
- ❑ Wie können Sie helfen?
- ❑ Welche Erfolgsbeispiele oder Kundenaussagen gibt es dafür?
- ❑ Wer sind Sie / wofür steht Ihr Unternehmen?
- ❑ Was soll der Leser des Kurzprofils als Nächstes tun?
- ❑ Wie erreicht man Ihr Unternehmen?

Ihnen fällt vielleicht auf, dass Sie zunächst einmal gar nicht über sich und Ihr Unternehmen reden, sondern intensiv auf Ihre (potenziellen) Kunden eingehen. Das ist die einzige Möglichkeit, wie Sie in der Reizüberflutung, der wir alle ausgesetzt sind, noch Gehör finden können. Keiner will als Erstes von Ihnen hören, wie ausgezeichnet, langjährig erfahren oder anderweitig großartig Sie sind. Ihre Kunden von morgen beachten nur Informationen, die gezielt auf ihre Wünsche, Probleme und Bedürfnisse eingehen. Mit der Überschrift „Marktschreierei war gestern. Selbstbeweihräucherung auch" habe ich das einmal in einem Artikel über Authentische Kommunikation zusammengefasst.

Zu lesen unter www.annjaweinberger.eu/downloads

Der Aufbau Ihres Kurzprofils kann so aussehen:

- ❑ Überschrift
  Hier sprechen Sie Ihre Zielgruppe auf deren Problem an. Zum Beispiel durch eine Frage. Legen Sie den Finger auf die Wunde!
- ❑ Einstieg
  Jetzt gehen Sie auf das Problem oder die Herausforderung näher ein und zeigen, dass Sie verstehen, wo es hakt und was auf dem Spiel steht.
- ❑ Mittelteil
  Erklären Sie dann, wie Sie helfen wollen und wie die Ergebnisse aussehen können. Wenn Sie Erfolgsbeispiele oder Kundenstimmen nennen können, umso besser.
- ❑ Ende
  Zuletzt ist Raum für Ihre Angaben über sich und Ihr Unternehmen. Weisen

Sie kurz und bündig Ihre Kompetenz nach, zum Beispiel durch einige berufliche Stationen, Ausbildungen, Mitgliedschaften, Zertifikate u. Ä. Solo-Unternehmern empfehle ich außerdem, ein gutes Porträt-Foto von sich zu integrieren.

Vergessen Sie nicht den „Call to Action" – a so eine Antwort auf die Frage: „Was soll der Leser als Nächstes tun?". Hierhin gehören auch Ihre kompletten Kontaktdaten.

Noch kürzer: ein Dreizeiler

Sie werden nicht immer ein ein- oder zweiseitiges Profil beziehungsweise einen Flyer verschicken wollen. Für viele Gelegenheiten eignet sich ein Dreizeiler besser. Zum Beispiel als Abbinder unter Pressemitteilungen oder als Eintrag in Adressverzeichnissen. Solch ein Mini-Profil können Sie nach folgendem Muster aufbauen:

- ❑ 1. Satz
  Welchen Menschen / Unternehmen helfen Sie bei der Lösung eines Problems?
- ❑ 2. Satz
  Welche Lösungen bieten Sie – was ist Ihr Angebot?
- ❑ 3. Satz
  Wo kann man mehr über Sie erfahren?

Sie sehen, auch hier gehen Sie zunächst wieder auf Ihre Zielgruppe ein, bevor Sie über sich reden. Dieses Grundmuster empfiehlt sich für die meisten Kommunikationsmaterialien kleiner Unternehmen.

E-Mail-Signatur

Wie bei einem gedruckten Geschäftsbrief muss die E-Mail-Signatur gesetzlichen Anforderungen genügen. Zum Beispiel müssen Sie als Einzelkaufmann, der im Handelsregister eingetragen ist, Ihre Handelsregister-Nummer im Anhang jeder E-Mail angeben. Ihre Signatur ist aber nicht nur Pflicht, sondern auch Kür. Sie können darin auf sehr prägnante Weise für Ihr Unternehmen werben. Zum Beispiel, indem Sie darin immer auch Ihren Slogan aufführen oder auf eine Veröffentlichung hinweisen. Achten Sie darauf, dass alle Mitarbeiter einem einheitlichen Muster folgen.

Es hat sich eingebürgert, dass E-Mails innerhalb von 24 bis spätestens 48 Stunden beantwortet werden. Wenn Sie das einmal nicht gewährleisten können, können Sie per Autoresponder mitteilen, wann Sie wieder da sind und antworten werden.

Newsletter

Wollen Sie sich regelmäßig bei Ihren Interessenten und Kunden in Erinnerung bringen? Ein kostenloser Newsletter, den Sie per E-Mail verschicken und/oder auf Ihrer Website zur Verfügung stellen, ist ein hervorragendes Mittel, das zu tun. Das Prinzip ist einfach: Sie liefern Informationen, die für Ihre Zielgruppe wertvoll sind, und ab und zu fügen Sie ein konkretes Angebot Ihres Unternehmens hinzu.

E-Book

Ein elektronisches Buch ist ein Info-Produkt (meist im PDF-Format), das Sie entweder kostenfrei oder kostenpflichtig anbieten können. Kostenfrei ist es eine Möglichkeit, vage an Ihrem Angebot Interessierte näher mit Ihren Leistungen bekannt zu machen. Sie können es jedem anbieten, dem Sie begegnen und der zu Ihrer Zielgruppe gehört. Im Gegenzug erhalten Sie die E-Mail-Adresse des Interessenten und können bei Gelegenheit nachfassen. Diese Maßnahme gehört zum so genannten Permission Marketing – Sie geben nur demjenigen Informationen, der sie ausdrücklich wünscht. Wenn es nicht gleich ein ganzes Buch sein soll, kann auch ein ein- bis zweiseitiger Fachartikel wertvolle Informationen für Ihre Zielgruppe liefern. In einem kostenpflichtigen E-Book können Sie zum Beispiel häufig nachgefragte Beratungsleistungen bieten.

Blog

Ein Blog oder Weblog ist ebenfalls ein Internetauftritt und wird auch als Web-Tagebuch bezeichnet. Es ist meist chronologisch aufgebaut, Ihr aktueller Beitrag erscheint oben und ältere darunter. Blogger stellen das Programm meist so ein, dass andere Internetnutzer Kommentare zu ihren Beiträgen hinterlassen können. Damit ist ein Blog ein sehr dialogorientiertes Instrument. Es empfiehlt sich für alle, die bereit sind, häufig (zum Beispiel einmal pro Woche oder sogar täglich) Beiträge zu verfassen.

Gedruckte Publikationen: Broschüre, Flyer, Kurzprofil über Ihr Unternehmen

Durch den Digitaldruck sind gedruckte Publikationen in kleinen Auflagen deutlich günstiger geworden. Eine aktualisierte Neuauflage von 500 Exemplaren eines Flyers fällt da finanziell nicht mehr so ins Gewicht. Dennoch werden Sie sich Ihre Pläne für eine gedruckte Broschüre, für Flyer, Postkarten oder eine

Mappe mit Info-Blättern über Ihr Unternehmen gut überlegen. Denn sie sollen in der Regel zwei bis vier Jahre ihre Gültigkeit behalten. Mehr dazu unter www.flyeroptimal.de

Digitale Publikationen: Kurzprofil als PDF-Datei, Präsentation

Wenn Sie ein ein- bis zweiseitiges Kurzprofil für Ihr Unternehmen entwickelt haben, bietet es sich an, die Seiten auch digital als PDF-Datei zur Verfügung zu stellen. Zum Beispiel können Sie das Profil als Anhang per E-Mail auf Anfrage an Interessenten verschicken. Unternehmen, die vor allem mithilfe von Fotos oder Grafiken ihr Profil darstellen wollen, greifen besser zu einer mehrseitigen Präsentation, in der sich auch größere Abbildungen gut unterbringen lassen. Bei digitalen Präsentationen, die Sie selbst erstellen, empfehle ich Ihnen, zumindest den Rat eines Grafik Designers einzuholen. Oder Sie lassen einmal eine Maske von einem Grafik-Profi erstellen. Das wird aber in den meisten Fällen in einem professionellen Grafikprogramm wie InDesign geschehen. Ich persönlich konnte bisher kaum einen Grafiker überzeugen, mit Software wie Word oder PowerPoint Gestaltungsarbeit zu leisten. Das ist aus Sicht der Grafikers verständlich. Schließlich bietet spezielle Design-Software viel mehr Möglichkeiten. Aus Sicht vieler kleiner Unternehmen kann das aber unbequem sein. Denn sie müssen die spezielle Design-Software anschaffen und einigermaßen bedienen können. Welche Lösung Sie auch immer finden – stellen Sie sicher, dass sich das Layout Ihres Kurzprofils oder Ihrer Präsentation sehen lassen kann.

Profile in Netzwerken und in Adressverzeichnissen

Xing, LinkedIn und Facebook gehören wohl zu den bekanntesten Internetnetzwerken, bei denen Sie sich und Ihr Unternehmen eintragen können. Es gibt noch viele, viele mehr. Darunter auch Netzwerke, die auf bestimmte Branchen oder Nutzergruppen spezialisiert sind. Wie viel es bringt, sich in solche Netzwerke einzutragen, ist umstritten. Ich persönlich habe vor allem mit Xing gute Erfahrungen gemacht. Der Grundeintrag ist kostenfrei. Als zahlendes Premium-Mitglied können Sie dort u. a. gezielt nach Personen eines bestimmten Profils suchen (zum Beispiel nach allen Pressesprechern oder Farbberatern oder Auditoren etc.). Ich habe darüber schon eine Reihe guter Kontakte knüpfen können. Der Eintrag allein reicht aber meist nicht aus – Netzwerken bedeutet, aktiv auf andere zuzugehen. In Adressverzeichnissen wie den Gelben Seiten oder hotfrog, Perspektive Mittelstand etc. geht es in erster Linie um die Veröffentlichung Ihrer

Kontaktdaten. Archivieren Sie eine Liste mit allen Verzeichnissen, in denen Sie sich eintragen. So wissen Sie später, wenn es einmal etwas zu ändern gibt (Ihre Mobiltelefonnummer zum Beispiel), wo Sie überall Ihre Daten aktualisieren müssen.

Direkt-Kommunikation (zum Beispiel Werbebriefe)

Die direkte Kommunikation mit potenziellen Kunden ist für kleine Unternehmen eine der wichtigsten und wirkungsvollsten Akquise-Maßnahmen. Direkt kommunizieren können Sie mündlich – zum Beispiel auf Messen, Netzwerk-Veranstaltungen und bei Vorträgen – oder schriftlich. Werbebriefe per Post oder per E-Mail sind eine verbreitete Möglichkeit der Direkt-Kommunikation. Bei Werbebriefen denken viele an die Massenaussendungen, wie sie zum Beispiel Fernstudien-Institute verschicken. Hier werden Tausende von Adressen gekauft oder gemietet und personalisierte Serienbriefe verschickt. Eine gute Response-Quote liegt bei ca. ein bis drei Prozent. Masse ist also nötig, um einige Käufer zu gewinnen. Für die meisten kleinen Unternehmen eignen sich Massenbriefe nicht. Gezielte Aussendungen an ausgewählte Wunschkunden dagegen schon. Werbebriefe sind eine Kunst für sich. Mehr dazu unter www.viva-akquise.de. Wichtig ist, dass Sie eine Antwort-Möglichkeit beifügen, und sehr wirkungsvoll ist es, wenn Sie die Adressaten auch anrufen.

Angebote

„Schicken Sie mir mal ein Angebot", das hören Dienstleister von einem ernsthaft Interessierten. Wer auf den letzten Metern punkten will, baut seine Angebote sehr sorgfältig und geschickt auf. Das Kostenangebot bietet eine gute Gelegenheit, die angebotenen Leistungen erfolgreich zu verkaufen. Wichtig bei „unsichtbaren" Services ist, dass der Prozess der Dienstleistung ausführlich erklärt und die Leistung somit sichtbar gemacht wird.

Mehr dazu unter www.viva-akquise.de

Video- und Audio-Porträts

Alle Selbstständigen und kleinen Unternehmen, bei denen der persönliche, direkte Kontakt zum Kunden im Mittelpunkt steht, können von Video- und Audio-Porträts besonders profitieren. Sie können in einer Video-Botschaft oder in einer Tonaufnahme Ihre Kunden von morgen direkt ansprechen und erklären, wobei und wie Sie ihnen helfen können. Diese Art von Porträts können Sie auf Ihrer Website veröffentlichen oder als Anhang an Interessenten verschicken. Das große Plus dieser Art von Selbstdarstellung: Ihre Persönlichkeit wird besonders lebendig vermittelt.

Mitgliedschaften in Verbänden / Netzwerken

Mitgliedschaften in Verbänden/Netzwerken können zwei Funktionen haben. Sie können sie aktiv nutzen und Sie können sie als „Gütesiegel" einsetzen, die Ihren Expertenstatus unterstreichen. In einigen Branchen hilft es sehr, eine Mitgliedschaft als vertrauenserweckenden Indikator anführen zu können.

Gastbeitrag Anna Hansen

Medienarbeit für kleine Unternehmen

Für dieses wichtige Instrument konnte ich Anna Hansen, Inhaberin von DOT. COM PR, als Gastautorin gewinnen. Anna Hansen engagiert sich seit vielen Jahren als PR-Beraterin. Als Leiterin der Kommunikation hat sie zum Beispiel das Multimedia-Unternehmen Pixelpark international bekannt gemacht. Heute unterstützt sie als Selbstständige auch kleine und mittelständische Unternehmen und Organisationen mit Presse- und Öffentlichkeitsarbeit.

Sie wollen das Vertrauen in Ihr Unternehmen stärken? Sie möchten sich langfristig einen guten Ruf erwerben? Ihre Bezugsgruppen sollen eine klare Vorstellung von dem entwickeln, was Sie tun und erreichen wollen? Kein Kommunikationsinstrument eignet sich dafür so gut wie Pressearbeit. Warum? Weil die Tatsache, dass eine anerkannte Fachzeitschrift Positives über Sie oder Ihr Unternehmen schreibt, viel glaubhafter ist als jede Werbeanzeige. Das gilt natürlich auch für negative Schlagzeilen. Aber die Wahrscheinlichkeit, dass kritisch oder gar unfair über Ihr Unternehmen berichtet wird, sinkt, sobald Sie die Beziehungen zu Journalistinnen und Journalisten gezielt pflegen. Die Pflege der öffentlichen Beziehungen eines Unternehmens, dafür steht der Begriff Public Relations (PR) beziehungsweise Öffentlichkeitsarbeit. Pressearbeit ist ein Teilbereich der PR. In vielen Fällen werden die Begriffe aber synonym verwandt, weil die Pressearbeit innerhalb der Öffentlichkeitsarbeit einen hohen Stellenwert einnimmt.

Es gibt zahlreiche Beispiele für Unternehmen, die ihren guten Ruf auch einer starken medialen Präsenz verdanken, wie die unterfränkische Brauerei Bionade, der Tierpark der Familie Hagenbeck in Hamburg oder die Multimedia-Agentur Pixelpark. Trotzdem nehmen sich nur wenige kleine und mittelständische Firmen der strategischen Pressearbeit an. In inhabergeführten Unternehmen – und damit den meisten mittelständischen Betrieben – ist PR Chefsache. In 80 Prozent dieser Unternehmen ist der Geschäftsführer für den Bereich PR/Öffentlichkeitsarbeit verantwortlich. Über ein eigenes PR-Budget verfügt nur jedes fünfte Unternehmen. Pressearbeit findet, wenn überhaupt, mit der Lokalpresse statt. Das sind Ergebnisse einer Befragung von Geschäftsführern und PR-Verantwortlichen aus mittelständischen Unternehmen in Niedersachsen, die das Institut für Kommunikationsmanagement der Fachhochschule Osnabrück Ende 2005 durchgeführt hat.

Warum ist das so? Es gibt mehrere Gründe. Die wichtigsten sind: PR bringt selten einen schnellen, direkten Nutzen. Die Verbesserung des eigenen Images, eine höhere Bekanntheit, die Veränderung von Einstellungen ... all diese Dinge lassen sich nur langfristig erreichen und erfordern Hartnäckigkeit und kommunikatives Geschick. In vielen Fällen verlangt Pressearbeit zunächst ein Umdenken in den Führungsebenen: Anzeigen in der Zeitung werden geschaltet. Den Inhalt, die Form, den Zeitpunkt bestimmt das Unternehmen selbst. Was in einem Zeitungsartikel steht, entscheiden Journalisten. Für sie zählt die Relevanz der Informationen. Nur wenn das, was ihnen in Form von Presseinformationen angeboten wird, für ihre Leserinnen und Leser von Bedeutung ist, berichten sie darüber. Inhalt, Form und Zeitpunkt von Zeitungsartikeln sind nur bedingt steuerbar.

Die Chancen auf eine positive Berichterstattung steigen allerdings, wenn man ein paar Grundsätze beherzigt:

Verstehen Sie sich als Dienstleister für Redaktionen

Dazu gehört, dass Sie sich mit den Regeln, Erwartungen und Anforderungen Ihres „Kunden" vertraut machen. Erkundigen Sie sich, wie der journalistische Alltag aussieht, wann günstige Zeitpunkte für eine Kontaktaufnahme sind und wer welche Art von Informationen braucht. Nachrichtenagenturen brauchen zum Beispiel topaktuelle News von überregionaler, nationaler Bedeutung, während Zeitungen knappe Hintergrundinformationen mit lokalem Bezug bevorzugen. TV-Sender benötigen Bilder, Radios O-Töne und Internetformate Texte, Fotos, Grafiken, Bewegtbilder, Töne, Links. Die Fachpresse wiederum verlangt vor allem nach Fakten und Fachleuten.

Liefern Sie relevante Informationen

Die am häufigsten von Journalisten verwendete Taste auf der Computertastatur ist die „Löschen"-Taste. Je nach Ressort wandern bis zu 90 Prozent der Presseinformationen in den Papierkorb. Die Gründe: keine oder eine uneindeutige Betreffzeile, zu wenig Nachrichtenwert, der falsche Ansprechpartner und schlecht geschriebene Mitteilungen.

Wie Sie es besser machen können? Verstehen Sie Ihre Pressemitteilung als Themenvorschlag und liefern Sie relevante Informationen mit Nachrichtenwert. Journalisten interessieren sich für aktuelle Themen, die „nah dran" sind an ihrer Zielgruppe. Häufig ist das nicht deckungsgleich mit dem, was Geschäftsführer oder Marketing-Verantwortliche wichtig finden. Denken Sie publizistisch: Der Köder muss dem Fisch schmecken und nicht dem Angler! Fragen Sie sich vor dem Verfassen einer Presseinformation immer: Für wen ist das, was ich schreibe, tatsächlich interessant? Beziehungsweise: Wie muss ich meine Botschaft verpacken, damit sie interessant wird?

Dabei zählt neben dem richtigen thematischen Aufhänger auch die Form Ihrer Presseinformation.

Tipps zum Schreiben einer Presseinformation (PI) **Praxis-Tipp**

- Jede PI braucht einen aktuellen „Aufhänger".
- Beantworten Sie die fünf W-Fragen im ersten Absatz:
  Wer hat was, wann, wo, wie und warum getan?
- Verwenden Sie kein Eigenlob, keine Superlative, keine Worthülsen, keine Werbung, keine Mutmaßungen – schreiben Sie nachrichtlich.
- Verwenden Sie kein Passiv – benutzen Sie viele Verben!
- Vermeiden Sie Redundanzen, Füllwörter und Wiederholungen.
- Konstruieren Sie keine Schachtelsätze, maximal 14 Wörter pro Satz.
- Vermeiden Sie Fachausdrücke und unerklärte Abkürzungen.
- Schaffen Sie einen Leseanreiz durch eine prägnante Überschrift.
- Der Umfang einer PI sollte 1–2 Seiten nicht überschreiten.
- Lockern Sie den Text durch Zwischenüberschriften auf.
- Vergessen Sie nicht den Ort und das Datum des Versandtages.
- Klare Absenderangaben sind wichtig (Unternehmen, Name, Telefon, E-Mail).
- Termine, Ortsangaben u. Ä. müssen „idiotensicher" erklärt werden.

Konzentrieren Sie sich auf die richtigen Medien

Stellen Sie sich vor, Sie sind ein junges, kleines Softwareunternehmen und haben eine nützliche Planungssoftware für Agrarwirte entwickelt. Überlegen Sie: Welche Medien liest Ihre Zielgruppe? Wem nützt die Software und wen könnte sie folglich interessieren? Gibt es technische Besonderheiten, die auch andere Entwickler spannend finden könnten? Häufig ist Pressearbeit eine Frage des gesunden Menschenverstandes. Sie werden in den meisten Fällen selbst zu dem Schluss kommen, dass es nicht sinnvoll ist, der FAZ oder dem Spiegel Ihre Presseinformation zu schicken. Ein ausführliches Interview mit Ihrem Entwicklungschef in einer Fachzeitschrift für Agrarwirte mit einer Auflage von 4.000 Exemplaren ist viel sinnvoller als die Erwähnung Ihrer Software in einem mehrseitigen kritischen Spiegel-Artikel über die Industrialisierung im Kuhstall.

Investieren Sie Zeit in den richtigen Verteiler

Apropos: In den 18 Jahren meiner Tätigkeit als PR-Beraterin in großen und kleinen PR-Agenturen bin ich zwei grundverschiedenen Haltungen gegenüber dem Versand von Presseinformationen begegnet. Die einen – vor allem große Agenturen mit entsprechender Datenbanktechnik – empfehlen das Gießkannen-Prinzip: Verschicke jede Pressemeldung an einen möglichst großen Verteiler, dann ist die Chance, dass du zufällig ins Schwarze triffst, am höchsten. Die anderen folgen dem Fokus-Prinzip: Verschicke Presseinformationen gezielt an einen gut gepflegten, individualisierten Verteiler mit handverlesenen Kontakten. Bei der Pressearbeit für den Mittelstand habe ich mit dem Fokus-Prinzip deutlich bessere Erfahrungen gemacht.

Suchen Sie den persönlichen Kontakt

Persönliche Kontakte erhöhen die Chance, dass Ihre Presseinformation wahrgenommen wird. Das heißt nicht, dass sie auch immer abgedruckt wird. Aber die Wahrscheinlichkeit sinkt, dass Ihre Presseinfo sofort im virtuellen Papierkorb landet.

Redakteure stehen oft unter einem großen Zeitdruck. Telefonisches Nachfassen ist bei ihnen nicht beliebt. Aber es kann hilfreich sein, im Vorfeld einer Aussendung zu Journalisten Kontakt aufzunehmen. Sonderveröffentlichungen und Themenpläne sind dafür oft ein guter Einstieg. Fragen Sie zwei bis drei Monate vor dem Erscheinen nach, ob die Planung schon abgeschlossen ist oder ob die Redaktion noch nach passenden Inhalten sucht. Überlegen Sie sich vorab ein paar griffige Themenansätze und bieten Sie Ihre Unterstützung an.

Wenn Sie bisher noch über keinerlei Journalisten-Kontakte verfügen, dann nutzen Sie Branchenevents und Messen für die Kontaktaufnahme. Oder schaffen Sie Anlässe, um Medienvertreter zu sich einzuladen, wie Pressetermine, eine Podiumsdiskussion oder eine Charity-Veranstaltung mit lokaler Prominenz.

Arbeiten Sie mit Bildern

Die Statistik zeigt: Pressemitteilungen mit gutem Bildmaterial werden eher abgedruckt. Investieren Sie daher lieber etwas mehr Grips, Zeit und Geld in die Aufbereitung Ihres Bildmaterials. Denn vor allem in der Produkt-PR nutzen die besten Presseinformationen nichts, wenn keine brauchbaren, professionellen Bilder existieren. Allerdings gilt auch bei Bildern: Inhalt und Form müssen stimmen. Fotos, die für Werbemaßnahmen produziert wurden, sind für die PR meist nicht geeignet. PR-Bilder dürfen nicht zu glatt, schön und inszeniert wirken. Sie sollten Informationen oder Emotionen transportieren.

Nicht immer ist es sinnvoll, Bilder im Vorfeld zu produzieren. Nachrichtenagenturen und Tageszeitungen wollen ihre eigenen Fotos schießen. Überlegen Sie daher, ob und wie Sie einen Fototermin arrangieren könnten. Nehmen Sie sich dazu ein Beispiel an Greenpeace. Die Umweltschutzorganisation inszeniert regelmäßig Nachrichtenanlässe, die das Interesse der Öffentlichkeit wecken. Die Bilder, die im Anschluss an die Greenpeace-Aktionen in den Zeitungen und im Fernsehen zu sehen sind, transportieren die jeweilige Botschaft auf den ersten Blick.

Übrigens: Auch aussagekräftige Grafiken, Schaubilder oder Illustrationen können – je nach Thema – zur Visualisierung von Inhalten geeignet sein. Um zu entscheiden, welche Art von Bild das passende ist, überlegen Sie zunächst: Welche Kernbotschaft soll das Bild transportieren? Für welche Medien ist das Bild gedacht? Wie könnte die Idee visuell umgesetzt werden?

Doch nicht nur auf die inhaltliche, sondern auch auf die technische Qualität kommt es bei dem Versand von PR-Bildern an. Ihr Bild sollte elektronisch in unterschiedlichen Auflösungen vorliegen sowie den Bildtext im IPTC-Format und einen Copyright-Vermerk haben. Außerdem: Verschicken Sie Bilder nie per Serienmail. Bieten Sie Bildmaterial lieber zum Download auf Ihrer Website an. In der Presseaussendung reicht dann ein einfacher Link.

Setzen Sie Ihre Website für die Pressearbeit ein

Ein gutes Online-Bildarchiv steht auf der Wunschliste von Redaktionen ganz oben. Folgende Bilder gehören zum Standard: Fotos des Unternehmens, der Geschäftsführer, das Firmenlogo sowie aktuelles Bildmaterial zu Ereignissen und ggf. Produkten. Das Bildmaterial sollten Sie in zwei Qualitäten zum Download anbieten: für die digitale Verwendung (72 dpi) und für den Druck (mindestens 180 dpi, besser 300 dpi). Die gängigen Formate sind TIFF- oder JPEG-Dateien.

Auf die Website gehören auch aktuelle Pressetexte und Hintergrundinformationen. Denn Internetrecherche gehört heute zum journalistischen Alltag. Pressemitteilungen sollten parallel zum Versand auch auf der eigenen Website verfügbar sein und archiviert werden. Und: Verzichten Sie auf einen Kennwortschutz. In den seltensten Fällen registrieren sich Journalisten. Außerdem sind Ihre Presseinformationen auch für andere Besucher interessant, wie Kunden, Partner, Bewerber oder Mitarbeiter.

Pressearbeit braucht Zeit und gute Ideen

Erfolgreiche Pressearbeit braucht Geduld, Hartnäckigkeit und langen Atem. Aber vor allem brauchen Sie gute Ideen, um den Sprung von der Mailbox ins Blatt zu schaffen.

Kürzlich sollte ich für eine große Versicherung einen Malwettbewerb für Kinder in den Medien platzieren. „Wie originell", sagte der erste Journalist gelangweilt am Telefon. Die Resonanz auf den Wettbewerb war schlecht – mit Recht. Warum? Weil der Kampf um Aufmerksamkeit heute sehr viel härter ist als noch vor zehn Jahren. Um ihre eigenen Leser, Hörer und Zuschauer bei der Stange zu halten, brauchen Medien immer neue, originelle Storys. Aber warum schaffen es manche Organisationen und Unternehmen, ihre Anliegen besser in den Medien zu platzieren als andere? Für den Radiojournalisten und Buchautor Jens-Uwe Meyer ist der entscheidende Knackpunkt die Kreativität. In seinem Buch „Kreative PR" beschreibt er vier Hindernisse auf dem Weg zur Aufmerksamkeit:

1. Die Bereitschaft zur Aufmerksamkeit muss vorhanden sein
2. Man muss sich dem Absender der Botschaft öffnen
3. Informationen müssen als wichtig empfunden werden
4. Das Konkurrenzumfeld einer Information muss berücksichtigt werden

Nur wer alle vier Hindernisse erfolgreich überwindet, hat eine Chance, wahrgenommen und beachtet zu werden. Was heißt das in der Praxis? Dazu ein Beispiel: 2007 beauftragte mich eine Werbeagentur mit ihrer PR. Die Agentur hatte pro bono (also kostenlos) eine Kampagne für die Frauenrechtsorganisation TERRE DES FEMMES (TDF) entwickelt. Der Agenturchef wollte, dass die neue Kampagne nicht nur in der Marketing-Fachpresse besprochen wird, sondern auch in der lokalen Presse und darüber hinaus. Aber: Warum sollten Tageszeitungen im Dezember, wo eine Charity-Aktion die nächste jagt, über die gute Tat der Werber berichten? Ich empfahl, TERRE DES FEMMES zu bitten, die bundesweite Dachkampagne selbst auf einer Pressekonferenz zusammen mit prominenten Paten der Öffentlichkeit vorzustellen. Als Termin schlug ich den 7. März – einen Tag vor dem Internationalen Frauentag – vor. So wurde es gemacht: Auf der Pressekonferenz im Berliner Abgeordnetenhaus sprachen neben der TDF-Geschäftsführerin, Christa Stolle, und dem Sponsor, René Heymann, auch die Schauspielerinnen Nina Hoss und Sybil Kekilli sowie ihr Kollege Jochen Senf darüber, warum sie die Kampagne „Gewalt gegen Frauen ist Alltag" unterstüt-

Die Schauspielerinnen Sybil Kekilli und Nina Hoss bei der Pressekonferenz zur „TERRE DES FEMMES"-Kampagne
Foto: HEYMANN BRANDT DE GELMINI, Sebastian Schobbert

Sehr gute Presseresonanz auf die PR-Kampagne
Foto: DOT.COM PR, Anna Hansen

zen. Die Medienresonanz war überwältigend. TERRE DES FEMMES dominierte bundesweit die Berichterstattung zum Internationalen Frauentag. Die Werbeagentur wurde in der Berichterstattung zur Pressekonferenz zwar kaum erwähnt, aber die Plakatmotive prangten auf dem Titel mehrerer Zeitungen und 2009 erhielt die Werbeagentur Heymann Brandt de Gelmini für die Kampagne den „Berlin Marketing Award" in Gold.

Wie wurden die vier Hindernisse auf dem Weg zur Aufmerksamkeit bei diesem Beispiel genommen?

1. Die Bereitschaft zur Aufmerksamkeit war hoch, weil die Medien ohnehin zum Internationalen Frauentag nach passenden Themen Ausschau hielten.
2. Die Bereitschaft, sich der Non-Profit-Organisation TERRE DES FEMMES als Absender zu öffnen, war deutlich höher, als sie gegenüber der Werbeagentur gewesen wäre.
3. Das gesellschaftspolitische Thema „Gewalt gegen Frauen ist Alltag" – unterstützt durch mehrere Prominente auf einer großen Pressekonferenz im Berliner Abgeordnetenhaus – wurde als wichtig eingestuft.
4. Last, but not least: Es gab in dem Themenumfeld an jenem Tag kaum konkurrierende Informationen und das von der dpa verbreitete Bild zur TDF-Aktion war auch optisch sehr attraktiv.

Fazit: Lohnt sich Pressearbeit für kleine Unternehmen?

Ja, denn Pressearbeit gehört nicht nur zu den kosteneffizientesten Kommunikationsmaßnahmen, sondern eignet sich auch sehr gut, um den Aufbau Ihrer Unternehmensidentität zu unterstützen. Mit der Auswahl geeigneter Themen, der Inszenierung von PR-Aktionen und Ihrem Auftreten gegenüber Journalisten können Sie Einfluss darauf nehmen, wie Sie öffentlich wahrgenommen werden. Wichtig ist: Versuchen Sie Journalisten nichts vorzugaukeln. Agieren Sie authentisch, ehrlich und vorausschauend. Verlieren Sie aber vor allem nicht zu schnell die Geduld. Denn Pressearbeit lohnt sich nur, wenn sie regelmäßig – mindestens ein Jahr lang – und aus voller Überzeugung betrieben wird. Auch wenn andere die Arbeit für Sie machen, als Geschäftsführer oder Firmeninhaber müssen Sie 100-prozentig hinter der PR stehen. Am besten, Sie treiben sie selbst aktiv voran.

(Gastbeitrag Anna Hansen)

Kundenmagazin (digital / gedruckt)

Ein gedrucktes Kundenmagazin wird meistens von mittleren und großen Unternehmen zur Kundenbindung eingesetzt. Der Aufwand und die Druckkosten sind relativ hoch. Das lohnt sich vor allem für Unternehmen, die viele Kunden haben und bei denen der Kontakt entweder nicht sehr persönlich oder recht selten stattfindet. Zum Beispiel bei Anbietern von Telekommunikation oder bei einem Veranstalter von Luxus-Kreuzfahrten. Ein digitales Kundenmagazin ähnelt einem Newsletter, ist aber meist aufwändiger gestaltet.

Veranstaltungen und Vorträge

Alle Unternehmen, bei denen der persönliche Kontakt zum Kunden eine große Rolle spielt, finden in Veranstaltungen und Vorträgen eine gute Gelegenheit, sich zu präsentieren. Die potenziellen Kunden wollen wissen, mit wem sie es zu tun haben, und wie finden sie das besser heraus als im direkten Kontakt? Interessenten können Sie und Ihre Mitarbeiter kennen lernen, können hören, was Sie zu sagen haben, sehen, wie Sie auftreten, spüren, ob „die Chemie" stimmt. Meiner Erfahrung nach verschenken viele Selbstständige Chancen auf gute Kontakte, indem sie bei Veranstaltungen und nach Vorträgen nicht ausreichend auf den nächsten Schritt der aufkeimenden neuen Beziehung hinweisen. Bei vielen Inhabern kleiner Unternehmen besteht eine große Scheu, für sich selbst „Werbung" zu machen. Doch wie sollen die neuen Kontakte weiter Vertrauen zu Ihnen aufbauen können, wenn Sie ihnen nicht anbieten, die Beziehung fortzuführen? Es reicht nicht, zu sagen: „Melden Sie sich, wenn Sie weitere Fragen haben." Allerdings sollen Sie einem frischen Kontakt auch nicht gleich ein „12-teiliges Topf-Set" verkaufen wollen. Der Beziehungsaufbau erfolgt Schritt für Schritt. Bieten Sie nach dem ersten Kennenlernen an, dass Sie Ihren Newsletter zuschicken oder einen Fachartikel und Ihr Kurzprofil. Nehmen Sie die Kontaktdaten Ihres Gegenübers auf und fassen Sie nach einigen Tagen nach durch einen Anruf oder eine E-Mail.

Werbung (online und offline)

Klassische Werbung, das sind vor allem Anzeigen. Anzeigen in Zeitungen und Magazinen, Radio-, Fernseh- und Kino-Spots, digitale Anzeigen auf Websites; auch Plakate u. Ä. im öffentlichen Straßenland können Sie dazu zählen. Anzeigen eignen sich vor allem für Unternehmen, die leicht zu verstehende Produkte oder Services für eine sehr breite Zielgruppe anbieten. Untersuchungen haben gezeigt: Sie müssen mindestens siebenmal ein und dieselbe Anzeige im selben Blatt schalten, um eine Wirkung zu erzielen. Prüfen Sie daher genau, ob Anzeigen für Ihr Unternehmen Sinn machen. Ein Problem sind Streuverluste: Selbst wenn Sie Ihre Anzeigen in einem Medium schalten, das hauptsächlich von Ihrer Zielgruppe gelesen, gehört oder gesehen wird, lesen, hören oder sehen auch andere mit, für die Ihr Angebot gar nicht in Frage kommt. Das können Sie in Kauf nehmen, müssen aber dafür bezahlen. Ideal wäre es, exakt Ihre Zielgruppe am rechten Ort, zur rechten Zeit und mit genau passenden Botschaften zu erreichen.

Gastbeitrag Claudia Dietl

Mehr erreichen mit professioneller Telefonakquise

Gastautorin Claudia Dietl ist Expertin für Verkaufstechniken und spezialisiert auf die Akquise per Telefon. Ich freue mich, sie für einen Beitrag über ein Thema gewonnen zu haben, das den meisten Selbstständigen nicht leichtfällt: Telefonate mit potenziellen Kunden. Auf der Website von Claudia Dietl www.art-of-sales.de *erfahren Sie mehr über die Kunst des Verkaufens. Ebenso in ihrem Buch „Und es geht doch: Ethisch handeln – erfolgreich verkaufen".*

Telefonakquise ist ein hervorragendes Mittel, um langfristig Beziehungen zu potenziellen Neukunden aufzubauen. Im Vergleich zu anderen Akquise-Maßnahmen bietet die telefonische Kontaktaufnahme einige wichtige Vorteile:

Direkte Kommunikation mit der Zielgruppe: Das Telefonat ist ein persönlicher Kontakt zu einem Entscheider. Dadurch besteht die Möglichkeit, sich direktes Feedback auf das eigene Angebot zu holen. Außerdem kann man im Telefonat wichtige Informationen darüber erhalten, wo der Gesprächspartner gerade steht und wie relevant das Angebot jetzt oder in Zukunft ist. Diese Zusatzinformationen können sehr hilfreich sein für die weitere Verkaufsstrategie.

Von Mensch zu Mensch: Kaltakquise am Telefon ist in erster Linie Beziehungsaufbau. Der persönliche Kontakt beinhaltet auch die Chance, über eine sympathische Wirkung einen positiven Eindruck zu hinterlassen, ganz unabhängig vom Angebot.

Dialogmöglichkeit: Der Angerufene kann sofort Fragen stellen. Das Gespräch kann seinen Bedürfnissen entsprechend angepasst werden.

Schnelle Qualifizierung: Am Telefon kann man sehr schnell herausfinden, welche Relevanz das Angebot beim Gesprächspartner hat. Dadurch kann man sehr schnell differenzieren zwischen den Kontakten, die Interesse bekunden und somit weiterhin interessant sind, und jenen, die nicht in Frage kommen und in der Folge aussortiert werden können. Damit spart man in der Folge auch Werbekosten und kann sein Angebot immer mehr auf die interessantesten Kontakte fokussieren. Kostenersparnis: Im Vergleich zu einem „Kalt"-Besuch bei einem potenziellen Interessenten (ca. 200 bis 400 Euro) liegen die Kosten für einen Telefonkontakt bei maximal einem Zehntel dieses Betrages.

Gleichzeitig ist Telefonakquise sehr unbeliebt. Das hat mehrere Gründe. Einer der Hauptgründe liegt sicher darin, dass man immer wieder Anrufe von unqualifizierten Callcenter-Mitarbeitern erhält, die einfach nur nerven. Dadurch reagieren gerade Personen, die viel angerufen werden, immer empfindlicher, vor allem, wenn sie stets die gleichen Gesprächsfloskeln zu hören bekommen. Diese Tatsache erschwert den Einstieg für einen Akquisiteur und schafft eine erste große Hürde. Hinzu kommen weitere Faktoren: Jemanden anzurufen, den man nicht kennt, und ihm etwas vorzustellen, was man verkaufen möchte, ist auch deswegen nicht jedermanns Sache, weil man die Reaktion des Gesprächspartners nur schwer erfassen kann und auch in der eigenen Wirkung eingeschränkt ist. Am Telefon hat man erst einmal nur seine Stimme und kann weder über Auftreten noch über Körpersprache punkten – zwei sehr wichtige Elemente in der persönlichen Kommunikation.

Was die Rechtslage betrifft, so herrscht hier auch oft Verunsicherung und die falsche Annahme vor, dass man gar nicht anrufen darf. Hier gilt es, zwischen B-to-C- und B-to-B-Bereich zu differenzieren. Im B-to-C-Bereich, also der Zielgruppe Konsumenten, ist die Rechtslage in Deutschland so, dass man nur kalt anrufen darf, wenn eine schriftliche Einwilligung des Angerufenen vorliegt. Ruft man Firmen an, so ist der Anruf unter der Voraussetzung erlaubt, dass ein mutmaßliches Interesse vorliegt, wobei dieser Begriff sehr dehnbar ist. Da es im Geschäftsbereich jedoch üblich ist, über telefonische Anfragen Geschäfte anzubahnen, kommt es im B-to-B-Bereich eher selten zu Abmahnungen. Dies wurde auch in der Gesetzgebung ausdrücklich berücksichtigt (Stand: Dez. 2009). Wichtig ist, dass ein klares Nein sofort respektiert werden muss.

Vorbereitung

Eine gute Vorbereitung bietet eine solide Grundlage, um die Erfolgsquote zu erhöhen. Dazu gehört in erster Linie auch, sich über diese im Klaren zu sein. Was Kaltakquise betrifft, so haben viele Quoten im Kopf, die unrealistisch sind. Es ist ein großer Unterschied, ob man versucht, einen neuen Kontakt aufzubauen, oder ob man mit einem Interessenten ein Verkaufsgespräch führt. Quoten von über 5 Prozent in der Kaltakquise sind äußerst unrealistisch, es sei denn, Sie bieten etwas sehr Außergewöhnliches mit einem hohen Nutzen in einer Nische an, die von anderen wenig oder gar nicht besetzt ist. Dies trifft auf die wenigsten Produkte oder Dienstleistungen zu, selbst dann nicht, wenn sie sehr innovativ sind.

Um Quoten realistisch einzuschätzen, schaut man am besten bei sich selbst, wie man mit Werbung und Anrufen umgeht. Machen Sie gleich beim ersten Anruf einen Termin aus? Oder warten Sie auch erst einmal ab? Denken Sie immer daran, dass es Ihrem Gesprächspartner ähnlich geht. Wer Quoten realistisch einschätzt, ist nicht so leicht zu entmutigen, wenn der Großteil der Angerufenen kein Interesse zeigt. Und das gehört bei der Telefonakquise einfach dazu.

Weitere Elemente einer guten Vorbereitung sind:

- Herausfiltern der Erfolg versprechendsten Zielgruppe(n)
- Erarbeiten einer Nutzenargumentation
- Gut recherchiertes Adressmaterial

- Erstellen eines Gesprächsleitfadens
- Alle relevanten Unterlagen bei der Hand
- Positives Einstimmen und Haltung

Gerade die ersten beiden Punkte werden gerne vernachlässigt. Sie sind aber ein wichtiger Bestandteil einer erfolgreichen Telefonaktion. Denn es ist überhaupt nicht zielführend, einfach nur irgendwo anzurufen und darauf zu hoffen, dass man mit seinem Angebot auf Interesse stößt. Aussagen wie „Mein Angebot kann grundsätzlich jeder brauchen" oder „Ich kann alle Branchen bedienen" entsprechen keiner fundierten Zielgruppendefinition. Wer sich im Vorhinein Gedanken macht über Branche, Firmengröße, Umsatz, Standort oder Faktoren wie „hohe Komplexität in der Produktion" und „hohes Einsparungspotenzial", kann sein Angebot viel gezielter platzieren.

Für das Akquisetelefonat ist der Nutzen ebenfalls von großer Bedeutung. Wer innerhalb kurzer Zeit einen Nutzen bieten kann, der bei der Zielgruppe (idealerweise) ein Problem löst, hat gute Chancen, ins Gespräch zu kommen. Wichtig ist, dass das Ganze kurz und klar formuliert wird und für die Zielgruppe relevant ist.

Die Basis jeder Telefonaktion bilden die Adressen. Hat man seine Zielgruppen festgelegt, geht es in die Recherche oder man kauft Adressen. Wer Frust vermeiden möchte, sollte nicht den billigsten Anbieter nehmen, da diese oft eine Ausschussquote von bis zu 20 Prozent haben.

Der Gesprächsleitfaden gilt als Grundgerüst für das Gespräch und wird auf der Basis des erarbeiteten Nutzens zielgruppengerecht erstellt. Wichtig ist, dass er nicht abgelesen wird. Standardisierte Gespräche mit starren Gesprächsleitfäden sind zwar immer noch in vielen Callcentern üblich, aber wirksamer sind eine individuelle Gesprächsführung und das Eingehen auf den jeweiligen Gesprächspartner.

Um auf Fragen sofort kompetent reagieren zu können, ist es sehr hilfreich, alle wesentlichen Informationen in schriftlicher und übersichtlicher Form griffbereit zu haben. Sinnvoll ist auch, mögliche Einwände im Voraus zu bedenken und Gegenargumente schriftlich parat zu haben.

Bei aller methodischer Vorbereitung darf die persönliche nicht übersehen werden. Da Sie am Telefon auf die Wirkung durch Körpersprache und Mimik verzichten müssen, sind Sie auf Ihre Stimme angewiesen. Achten Sie auf eine klare Aussprache und setzen Sie sich so hin, wie Sie es in einem persönlichen Gespräch tun würden: aufrecht! Achten Sie auch auf angemessene Kleidung, es macht einen Unterschied, ob Sie im „Schlabberlook" telefonieren oder im angemessenen Outfit. Und lächeln Sie, aber richtig: keine Grimasse – Ihr Gesprächspartner kann den Unterschied „hören".

Zeitplanung

Sich Zeit zu nehmen für die Akquise ist das eine, die Zeiten dafür sinnvoll zu planen das andere und nicht weniger wichtig. Telefonakquise sollte nicht einfach so dazwischengeschoben werden, quasi nach dem Motto „Heute rufe ich mal zwei potenzielle Kunden an". Besser ist es, sich Zeiten fest einzuplanen, in denen telefoniert wird, idealerweise mehr als zwei Stunden am Stück. Bedenken Sie immer, dass Sie ungefähr 20–25 Telefonate führen müssen, um 3–5 relevante Ansprechpartner zu erreichen. Dafür benötigen Sie ca. eine Stunde. Möchten Sie 50 Kunden ansprechen, brauchen Sie also ca. 10–15 Stunden, um dies zu erreichen, und eine Adressauswahl von mindestens 100 Adressen, um dies möglichst schnell zu erreichen.

Eine wichtige Frage in der Akquise ist die nach dem besten Zeitpunkt. Nach meiner Erfahrung gibt es DEN besten Zeitpunkt nicht. Es gibt in vielen Ratgebern zwar immer wieder Ratschläge, welche Tage sich besser oder schlechter eignen, aber eine generelle Aussage ist hier nicht möglich. Ein guter Zeitpunkt ist vor allem auch von der Zielgruppe abhängig. Rufen Sie z. B. in Bäckereien oder Handwerksbetrieben an, dann stellen Sie sich darauf ein, dass Sie frühmorgens die besten Chancen haben, jemanden zu erreichen. In Großkonzernen ruft man am besten ab 10 Uhr an, da sind meist alle eingetroffen. Architekturbüros erreicht man gut am Freitagnachmittag, aber, wie gesagt, eine Garantie gibt es darauf auch nicht. Probieren Sie es einfach aus, aber lassen Sie sich nicht dazu verleiten, die Akquise zu verschieben, nur weil der Zeitpunkt schlecht erscheint.

Hürden nehmen

Die erste Hürde in der Telefonakquise ist meist der Griff zum Hörer und das Wählen der Nummer. Zu groß ist die Verlockung, erst noch einen Kaffee zu trinken und zum 20sten Mal Mails abzurufen, die noch gar nicht da sind. Es ist oft nicht einfach, sich zu überwinden, vor allem auch in Bezug auf die hohe Ablehnungsquote, die man vor allem bei den Erstanrufen in Kauf nehmen muss. Hier ist es hilfreich, sich kleine Motivationsstrategien zurechtzulegen. Dies können z. B. sein:

- Aufstehen und sich strecken
- Positive Sprüche und Affirmationen lesen
- Kurz Dampf bei einem Kollegen ablassen und dann wieder weitertelefonieren
- Mehrfach ausatmen
- Gummibärchen und Schokolade ;-)
- ...

Für den Einstieg ins Telefonat können Sie sich vorstellen, dass am anderen Ende immer ein Mensch sitzt, der mindestens genauso nett ist wie Sie, auch wenn er vielleicht von Ihrem Anruf „überrascht" wird und nicht gleich supernett reagiert. Nehmen Sie das niemals persönlich und versuchen Sie sich zu vergegenwärtigen, dass es immer etwas Zeit braucht, bis man ins Gespräch kommt beziehungsweise eine vertrauensvolle Beziehung aufbaut.

Eine weitere Hürde ist das Sekretariat beziehungsweise die Telefonzentrale in einer Firma. Der größte Fehler, den Sie machen können, ist, die Sekretärinnen vor allem als notwendiges Übel zu sehen, an dem Sie unbedingt schnell vorbeimüssen, um an den echten Entscheider zu gelangen. Bedenken Sie vor allem, dass es zur Aufgabe einer guten Sekretärin gehört, für ihren Chef die wichtigen Dinge vorzufiltern. Anstatt sie zu übergehen, weihen Sie sie daher in Ihr Anliegen ein. Behandeln Sie sie mit Respekt und erklären Sie ihr auch genau, was Sie möchten. Sekretärinnen haben oft einen sehr guten Blick für die Dinge, die bei ihren Chefs ankommen, und können Ihnen eine erste Einschätzung liefern. Geben Sie ihr daher immer das Gefühl, wichtig zu sein. Das ist noch keine Garantie, zum Entscheider durchzukommen, aber es erleichtert die Sache sehr.

Eine weitere, nicht zu unterschätzende Hürde ist das Nachfassen. Wenn es durchschnittlich läuft, haben Sie zwischen 15 und 40 Prozent Kontakte bei der Erstansprache, die sich in irgendeiner Weise latent oder sehr für Ihr Angebot interessieren. Einigen von diesen schicken Sie Informationen, mit anderen vereinbaren Sie ein erneutes Telefonat zu einem späteren, passenderen Zeitpunkt. Planen Sie für diese Wiedervorlagen unbedingt Zeit ein und organisieren Sie sich so, dass Sie diese auch tatsächlich erledigen. Es wäre schade, wenn Kontakte, die bereits geknüpft sind, wieder verloren gehen, nur weil Sie schlecht organisiert sind. Hilfreich sind hier CRM-Programme mit Erinnerungssystem oder aber auch Einträge in Outlook.

Rhetorik

Offene Fragen, Ja-Ketten, Einwandbehandlung, Nutzenargumentation – was ist die richtige Sprache am Telefon? In den letzten Jahren ist hierzu sehr viel geforscht worden und wenn Sie von einem Callcenter angerufen werden, dann können Sie schnell erkennen, was in der klassischen Vertriebsstrategie als Erfolg versprechend gilt:

- ❑ Nennen Sie oft den Namen Ihres Gesprächspartners (mindestens dreimal), der hört ihn nämlich gerne und kann nicht genug davon bekommen.
- ❑ Vergewissern Sie sich, dass Sie mit der richtigen Person sprechen, am besten mit dem Standardsatz: Herr ..., bin ich bei Ihnen richtig, wenn es um ... geht?

- Bekunden Sie Ihre Freude, dass Sie Ihren Ansprechpartner erreicht haben, mit einem herzlichen „Schön, dass ich Sie erreiche, Herr …".
- Geben Sie Ihrem Gesprächspartner gleich einen umfassenden, rhetorisch ausgefeilten Überblick über Ihr Leistungsspektrum.
- Stellen Sie immer wieder Fragen, die mit Ja beantwortet werden, damit Sie bei der entscheidenden Frage auch ein Ja erhalten.
- Lassen Sie sich von einem Nein nicht beirren, sondern legen Sie nach, indem Sie nochmals eindringlich auf den Nutzen eingehen.

Ich schlage Ihnen vor, diese Ratschläge gleich wieder zu vergessen. Psychologie hin oder her, manche Sätze sind heute einfach schon so verbraucht, dass sie nicht mehr wirken. Kein Entscheider hört am Tag gerne zehnmal: „Schön, dass ich Sie erreiche!" Obwohl dies durchaus ein schöner Satz ist, erreichen Sie eher ein Augenrollen als echte Offenheit für Ihr Anliegen. Ja, Rhetorik ist wichtig, aber hüten Sie sich vor Standardformulierungen. Ja, Nutzenargumentation ist unabdingbar, aber bringen Sie Ihren Nutzen in maximal 2–3 Sätzen auf den Punkt, je kürzer, desto besser. Ja, Sie sollten zielgerichtet bleiben, aber wenn Ihr Gesprächspartner partout kein Interesse zeigen will, dann verabschieden Sie sich höflich und wenden sich dem nächsten zu.

Bleiben Sie in Ihrer Kommunikation authentisch und natürlich. Machen Sie Ihr Anliegen klar und sparen Sie sich psychologische Raffinessen. Mit Echtheit erreichen Sie mehr als mit aufgesetzter Rhetorik.

Trotzdem ist es gut, sich auf ein paar Gesprächssituationen vorzubereiten, damit man kompetent und zielgerichtet reagieren kann. Hier sind einige Beispiele dazu:

- „Kann ich etwas ausrichten?"
  - Nein danke, das ist nicht notwendig, ich melde mich einfach noch einmal. Wann ist Herr XY denn erreichbar?
- „Schicken Sie mal Unterlagen!"
  - Das mache ich gerne. Wann darf ich mich danach noch mal melden?
  - Sehr gerne, möchten Sie diese per Post oder Mail? … Was glauben Sie, wann werden Sie es schaffen, sich mit dieser Thematik zu beschäftigen?
- „So etwas brauchen wir nicht!"
  - Aha, verraten Sie mir auch, weshalb? (Und eventuell erneut einhaken, wenn es eine Möglichkeit dazu gibt.)
- „Oh, da erwischen Sie mich eiskalt."
  - Kein Wunder, Sie wussten ja auch nicht, dass ich anrufen würde!
- „Ich bin gerade in einer Besprechung."
  - Verstehe, wann kann ich Sie denn erreichen?

Ob Telefonakquise das richtige Mittel ist, hängt auch vom Angebot ab. Besonders gut eignen sich Produkte oder Dienstleistungen, die sehr erklärungsbedürftig sind und qualitativ hochwertig. Telefonakquise ist gut geeignet, langfristig eine Vertrauensbasis zu Neukunden aufzubauen, indem man kontinuierlich in Kontakt bleibt. Dies kann durch flankierende Maßnahmen, z. B. Newsletter und Mailings, noch verstärkt werden. Denken Sie daher in großen Zeiträumen: Je komplexer das Angebot oder je voller der Markt, umso länger dauert es, bis sich das eine oder andere Türchen öffnet. Aber oft lohnt sich die Kontinuität. Und nutzen Sie auch die vielen Informationen, die Sie in den Gesprächen bekommen, um sich über Ihre Zielgruppe zu informieren, Ihr Angebot zu schärfen und etwas über Ihren Markt dazuzulernen.

(Gastbeitrag Claudia Dietl)

Messen

Wann sollten Sie auf keinen Fall auf das relativ teure Instrument Messeauftritt verzichten? Wenn Ihre Kunden und Wunschkunden in ganz Deutschland oder gar in aller Welt verstreut sind und einmal im Jahr zu einer Messe in die Stadt XYZ kommen. Es empfiehlt sich, eine Messe zunächst einmal als Besucher aufzusuchen, bevor Sie sich entschließen, dort mit einem eigenen Stand präsent zu sein. Auch als Besucher können Sie Kontakte zu potenziellen Kunden knüpfen. Erkundigen Sie sich auch nach Möglichkeiten, als Mitaussteller am Stand eines anderen Unternehmens oder einer Organisation aufzutreten. Ansprechpartner können Geschäftspartner und Lieferanten sein, die Industrie- und Handelskammer und andere Verbände.

Verkaufsgespräch

Das persönliche Verkaufsgespräch ist eine der ältesten Werbeformen. Wenn Sie in Ihrem Unternehmen eine Abteilung für Vertrieb haben und einen Außendienst-Mitarbeiter einen Interessenten besuchen lassen, kostet Sie das „160 bis 200 Euro" pro Gespräch, so das Bundesministerium für Wirtschaft und Technologie in seinem Infoletter GründerZeiten, Nr. 37. Diese Art von Verkaufsgesprächen eignet sich nur für erklärungsbedürftige Angebote, deren Verkauf die Werbungskosten dann auch wieder hereinholen kann.

Sonderaktionen wie Rabatte

Ein Instrument, das überwiegend vom Handel genutzt wird. Es kann aber in einzelnen Fällen auch für andere Dienstleister interessant sein. Mit Sonderaktionen können Sie gezielt die Aufmerksamkeit auf bestimmte Produkte und Services lenken. Zum Beispiel können Sie einen Preisnachlass bei Einführung eines neuen Angebots gewähren, vielleicht weil es sich noch in der Test- und Entwicklungsphase befindet. Bitte prüfen Sie bei diesem Instrument mithilfe der VIVA-Formel besonders gut, ob es Ihrer Corporate Identity entspricht. Rabatte dürfen nicht den Eindruck erwecken, dass Ihr Unternehmen Angebote verzweifelt verramschen will.

Empfehlungsmarketing

Zum Instrument wird Empfehlungsmarketing im Grunde erst, wenn Sie sich gezielt um Empfehlungen bemühen. Viele überlassen es aber dem Zufall, ob ein Kunde oder Geschäftspartner das Unternehmen weiterempfiehlt. Sie können dem Zufall etwas auf die Sprünge helfen, indem Sie Kunden direkt fragen, ob sie jemanden kennen, der etwas Ähnliches braucht, wie sie gerade erhalten haben. Auch Materialien wie ein Kurzprofil oder Fachartikel eignen sich als Aufhänger für die Bitte „Empfehlen Sie uns weiter".

Kooperationen

Die Vernetzung mit anderen Unternehmen oder Organisationen kann viele Ziele haben. Sie können Gemeinschaftswerbung betreiben wollen oder sich gegenseitig weiterempfehlen oder gemeinsam ein großes Projekt stemmen, das Sie alleine nicht bewältigen können. Auch hier ist es besonders wichtig, Ihre Corporate Identity im Auge zu behalten. Denn das Image Ihres Kooperationspartners färbt automatisch auf Ihr Unternehmen ab. Die IHK München hat einen interessanten Leitfaden herausgegeben und erklärt, worauf Dienstleister bei Kooperationen achten sollten. Zu finden im Internet unter http://www.muenchen.ihk.de – dort steht der Leitfaden im Menüpunkt Starthilfe & Unternehmensförderung zum kostenfreien Download bereit. Generell halte ich Kooperationen für eine hervorragende Möglichkeit für kleine Unternehmen und Organisationen, ihren Wirkungskreis zu erweitern. Und wer sich über die eigene Identität im Klaren ist, muss keine Angst haben, bei einer Kooperation an Profil zu verlieren.

Interview mit Dierk Werner, Inhaber von „Stilvolle Grabsteine"

Dierk Werner ist Diplom-Ingenieur und vertreibt über das Internet „Stilvolle Grabsteine". Im Angebot hat er ein großes Sortiment an handgefertigten Grabmalen, Grabengeln und Kindergrabsteinen aus Naturstein und Marmor. Herr Werner und seine Mitarbeiter liefern und setzen die Grabsteine in ganz Deutschland. Die Preise und Lieferkonditionen für jedes Objekt sind auf der Website www.stilvolle-grabsteine.de *nachzulesen. Produktanfragen erfolgen hauptsächlich per Website-Formular und telefonisch.*

Herr Werner, wie kam es zu Ihrem Online-Shop „Stilvolle Grabsteine" und was macht den Erfolg Ihres Unternehmens aus?

Der Online-Shop hat sich aus zwei Randbedingungen heraus entwickelt: Mit Beginn der Selbstständigkeit hatte ich ursprünglich das Konzept verfolgt, eine Vertriebsstruktur als Zwischenlieferant innerhalb des Einzelhandels aufzubauen. Aufgrund des großen Aufwandes und der Kosten, die damit verbunden sind, habe ich mich dazu entschlossen, das Web als Vertriebsmittel zu verwenden und einen Endkundenshop aufzubauen.

Der Erfolg meines Unternehmens resultiert aus der Geisteshaltung, qualitativ anspruchsvolle Produkte anspruchsvoll zu vermarkten. Ich versuche mein Angebot innerhalb des Umfeldes, in dem ich mich bewege, immer weiter zu optimieren – „be better" – und habe die Veränderung und Anpassung meiner Arbeitsinstrumente als Grundvoraussetzung für den Erfolg akzeptiert.

Sie sind im Internet sehr präsent. Auf welche Instrumente des Online-Marketings setzen Sie besonders?

Ich setze insbesondere darauf, die Psychologie des Online-Marketings mit der Psychologie meiner potenziellen Kunden zu synchronisieren. Dafür eignet sich insbesondere die Suchmaschine Google mit ihren Online-Tools, die sie Firmen kostenlos zur Verfügung stellt. Sowohl meine Websites als auch die externen Marketing-Maßnahmen mit Partnern im Web sind immer keywordspezifisch entwickelt und aufgebaut worden, getreu dem Motto „Am Anfang war das Wort". Funktionalität und Grafik werden mit den Keywords und den passenden Produkten in Einklang gebracht und harmonisiert.

Haben Sie sich Ihr Know-how in diesen Bereichen selbst angeeignet oder arbeiten Sie mit Experten zusammen?

Den Geist und die Konzeption der Websites und damit auch der Implementierung in die Suchmaschinen habe ich selbst entworfen und entwickelt. Jedoch habe ich in wesentlichen Punkten immer wieder die Zulieferleistungen von Experten und Fachleuten hinzugeholt. Grundsätzlich habe ich immer versucht,

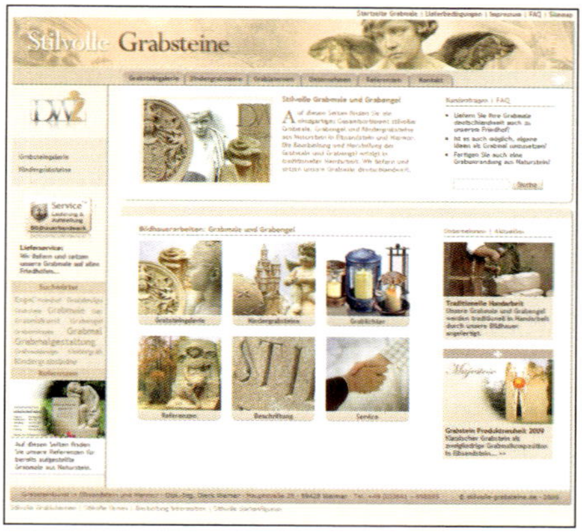

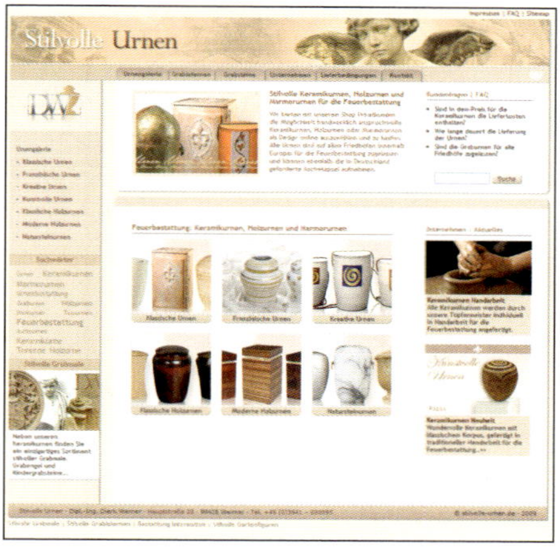

Online-Shops wirken oft anonym und nicht gerade vertrauenserweckend. Nicht so bei Diplom-Ingenieur Dierk Werner. In seinem Online-Shop für Grabsteine bietet er vorbildlichen Service: Häufig gestellte Kundenfragen werden beantwortet, schnell auffindbare Angaben zum Lieferservice sind vorhanden und sämtliche Grabsteine werden mit einem „Steckbrief" vorgestellt. Neben einem Foto gibt es Auskunft zum Material, zur Farbe, zur Bearbeitung und Größe, zur Lieferzeit und zum Preis. Mit einem Klick landet der Interessent auf einem Formular, mit dem ein ausführliches Angebot eingeholt werden kann. Außerdem: Die Kontaktdaten des Unternehmers sind auf jeder Seite des Internetauftritts als Abbinder am unteren Ende der Seite sichtbar. Das ist nicht nur bequem, sondern baut Vertrauen in den gesamten Kaufprozess auf.

Unternehmen: Stilvolle Grabsteine, www.stilvolle-grabsteine.de
Design: BlickReflex, Jan Gropp, www.blickreflex.de

Menschen in meine Ideen mit einzubinden, die in einer Disziplin über besondere Fähigkeiten verfügten.

Was raten Sie Unternehmen, die sich auch online einen Namen machen wollen?
Ich rate jungen Unternehmen immer, ihrem Wunsch nach Selbstständigkeit einen hohen Anspruch an ihre Arbeit und das Ziel, das sie verfolgen, vorauszuschicken. Mittlerweile glaube ich fest daran, dass ein guter Gründer niemals erfolglos mit seinen Ideen sein kann, wenn er folgende Ziele hat:
- Schaffung eines Mehrwertes für seine Kunden und damit die Gesellschaft
- Besser als der Beste zu werden in der Ausarbeitung seiner Produkte und der Verkaufsinstrumente
- Die Veränderung und die ständige Optimierung als notwendige Begleiterscheinung und als Herausforderung zu begreifen
- Zu akzeptieren, dass die Entwicklung des eigenen Geistes niemals enden wird und dass es immer Menschen gibt, die etwas besser können als man selbst
- Ein lohnenswertes Lebensziel zu haben und dieses im Laufe des Lebens wie ein Puzzle in Etappen zu verwirklichen
- Nicht kurzfristig, sondern nachhaltig zu denken und zu handeln!

Allen Gründern und Selbstständigen wünsche ich viel Erfolg bei ihren Unternehmungen.

(Interview mit Dierk Werner)

Kleidung, Styling, Auftreten

Sie kommunizieren natürlich auch mit Ihrem persönlichen Äußeren. Ihre Kleidung, Ihre Frisur, Accessoires und alles, was Sie direkt am Körper tragen, haben großen Einfluss auf Ihre Ausstrahlung. Mit Ihrem Styling setzen Sie Zeichen und lösen bei anderen, ob Sie es wollen oder nicht, Einschätzungen aus. Eine bekannte Grundregel für Kleidung und Styling im Beruf besagt, dass wir unser Outfit in etwa dem anpassen sollten, was in der Branche üblich ist. Manche sagen auch: „Kleiden Sie sich so wie die Kunden, die Sie gewinnen wollen." Wer zum Beispiel hauptsächlich Banker zu seinen Kunden zählt, ist mit recht korrekter, eher konservativer Kleidung gut beraten. Wer Eltern-Kind-Reisen organisiert, wird sich im Maßanzug oder Kostüm zumindest im Außeneinsatz unwohl fühlen und auch die Eltern irritieren. Die grobe Richtung geben also Branchen-Gepflogenheiten vor.

Dennoch ist viel Spielraum für persönliche Entscheidungen. Mitunter lassen sich mit bewussten Brüchen auch Botschaften transportieren. Eine Ärztin, die sich entscheidet, nicht im weißen Kittel aufzutreten, sagt damit etwas über ihre Haltung zum tradierten Verhalten ihres Berufsstandes aus. Wie auch immer: Es gibt nur wenige absolute Tabus bei der Kleidung. Ein ungepflegtes, schlampiges oder gar dreckiges Äußeres gehört dazu.

Kleidung

In welchem Stil will ich mich kleiden, zum Beispiel:

- ❑ klassisch
- ❑ trendy
- ❑ korrekt
- ❑ lässig
- ❑ sportlich
- ❑ verspielt
- ❑ sachlich
- ❑ originell
- ❑ branchenkonform
- ❑ individuell
- ❑ weiblich / männlich
- ❑ neutral
- ❑ kostbar
- ❑ zurückhaltend
- ❑ üppig
- ❑ schlicht

Hier soll es nicht um ein entweder-oder gehen, sondern darum, die ganz eigene Mischung zu finden. Treffen Sie bewusste Entscheidungen:

- ❑ Will ich einen großen oder eher geringen Unterschied machen zwischen meiner Kleidung im und außerhalb des Unternehmens?
- ❑ Will ich meine Kleidung selbst reinigen und pflegen oder nutze ich (zum Teil) Dienstleister dafür?
- ❑ Wie viel Geld will ich pro Jahr in meine Kleidung und in Accessoires investieren?

Styling

Wie will ich mit folgenden Styling-Aspekten umgehen?

- ❑ Frisur
- ❑ Brille / Kontaktlinsen
- ❑ Schmuck
- ❑ Make-up / Kosmetik
- ❑ Parfum / Aftershave

Kennen Sie das Gefühl, endlich mal wieder beim Friseur gewesen zu sein und sich wie neugeboren zu fühlen? Oder eine neue Brille beziehungsweise keine Brille mehr, sondern Kontaktlinsen zu tragen? Jede Veränderung, die wir an unserem Äußeren vornehmen, wirkt sich auch auf unsere Gefühle aus. Entscheiden Sie bewusst, ob Sie viel oder wenig Schmuck, nur echten Schmuck oder auch Modeschmuck tragen wollen. Entscheiden Sie, wie Sie es mit Haut- und Nagelpflege halten wollen. Kümmern Sie sich immer selber darum oder gehen Sie regelmäßig zur Kosmetikerin? Nutzen Sie wechselnde Parfums oder Aftershaves oder immer dasselbe oder gar keins? All das hat Einfluss auf Ihre Wirkung. Sie möchten auf keinen Fall aufdringlich wirken? Dann verzichten Sie natürlich auf intensive Moschusdüfte.

Bei all dem geht es aber nicht um Perfektionismus, sondern um einen positiven Gesamteindruck. Und es geht natürlich auch nicht darum, sich zu verbiegen. Sie sollen sich wohl fühlen mit Ihrem Äußeren und Ihr Äußeres unterstreicht Ihre Persönlichkeit. Sie können damit irritieren oder stimmig wirken. Mich hat eine Geschichte aus der Autobiografie von US-Präsident Barack Obama fasziniert. Er erzählt von einer jungen schwarzen Frau namens Ruby, die ihm eines Tages merkwürdig verändert schien: Sie trug blaue Kontaktlinsen. Obama war verstört und auch etwas traurig, dass sich die Frau in gewisser Weise in eine Weiße verwandeln wollte. Für Ruby selbst war es keine große Sache. Sie hatte die blau gefärbten Linsen im Rahmen ihres Jobs günstig erhalten und wollte einfach mal etwas Neues ausprobieren. Mir hat dieses Beispiel gezeigt, welch großen Einfluss das eigene Äußere auf die Faktoren Identität und Außenwirkung hat.

Stimme

Unsere Stimme ist wie ein Fingerabdruck – unverwechselbar. Keine Stimme gleicht einer anderen vollkommen. Wir erkennen Menschen daran oft genauso gut wie oder sogar besser als an ihrem Gesicht. In unsere Stimme legen wir Emotionen und transportieren auf diesem Wege Botschaften, die unsere Worte unterstützen oder ihnen widersprechen.

Wie soll meine Stimme klingen?

- ❑ freundlich
- ❑ sachlich
- ❑ streng
- ❑ deutlich
- ❑ sanft
- ❑ fragend
- ❑ bestimmt
- ❑ zuversichtlich
- ❑ skeptisch
- ❑ schnell
- ❑ langsam
- ❑ laut
- ❑ leise
- ❑ ...

Auch hier geht es nicht um ein Besser oder Schlechter, sondern darum, sich einmal den Umgang mit der eigenen Stimme bewusst zu machen. So können Sie vielleicht unerwünschten Effekten gegensteuern.

- Wie fühlen Sie sich mit Ihrer Stimme?
- Fällt es Ihnen leicht, vor kleiner oder großer Runde zu sprechen?
- Möchten Sie an Ihrer Stimme arbeiten, damit sie wirkungsvoller und belastbarer wird?

Bei jedem hat sicher schon mal die Stimme versagt oder nicht so selbstbewusst geklungen, wie man es sich vorgenommen hat. Wer mit schwacher, fragender Stimme seine Unternehmenspläne präsentiert, um einen Kredit für anstehende Investitionen zu erhalten, verschlechtert seine Chancen bei der Bank. Wer von seinem Erfolg überzeugt ist, so glauben wir, drückt das auch mit einer starken Stimme aus. Es können sich aber einfach über die Jahre Sprech-Gewohnheiten ausgebildet haben, die gar nicht der inneren Einstellung entsprechen. Eine überzeugende Stimme lässt sich trainieren. Der erste Schritt ist wie so oft Bewusstmachung. Vielleicht hören Sie sich mal im Bekanntenkreis um und fragen: Wie wirkt meine Stimme auf dich?

Körpersprache

Gesten, Körperhaltung, Mimik – diese Ausdrucksformen eines Menschen haben einen Wiedererkennungswert, an den kein Logo so schnell herankommt. Wir erkennen Freunde und Bekannte schon von weitem an ihrem Gang. Auch nach 30 Jahren hat die Schulfreundin von damals noch die Eigenart, beim Sprechen stets die linke Augenbraue hochzuziehen. Per Körpersprache signalisieren wir, wie es uns geht, was wir erreichen wollen.

Welche Botschaften soll meine Körpersprache übermitteln:
- ❑ selbstbewusst
- ❑ vorsichtig
- ❑ engagiert
- ❑ zurückhaltend
- ❑ schwach
- ❑ stark
- ❑ groß
- ❑ klein
- ❑ entspannt
- ❑ nervös
- ❑ optimistisch
- ❑ widerwillig
- ❑ konzentriert
- ❑ ...

Körpersprache lässt sich wie die Stimme nicht hundertprozentig bewusst steuern. Aber eine bewusste innere Ausrichtung auf ein Signal hilft sehr. Im Yoga-Unterricht und sicher auch bei anderen Bewegungsarten lernen Sie: Groß denken heißt sich aufrichten und groß wirken.

- Wie fühlen Sie sich mit Ihrer Körperhaltung, Gestik und Mimik?
- Haben Sie schon einmal Feedback zu Ihrem Auftreten bekommen?
- Möchten Sie an Ihrer Körpersprache arbeiten, damit Sie sich selbstbewusster fühlen?

Ich habe mir schon lange vorgenommen, einmal an einem Schauspiel-Training teilzunehmen. Nicht, weil ich lernen will, „eine Show abzuziehen". Von Aufschneiden und Show-Getue halte ich nicht viel, sonst hätte ich mein Unternehmen nicht „Agentur für Authentische Kommunikation" genannt. Allerdings glaube ich an die Wechselwirkung von Körper – Seele – Geist. Wer an seiner körperlichen Präsenz arbeitet, arbeitet auch an seiner inneren Haltung. Bis heute habe ich leider noch keinen entsprechenden Schauspiel-Lehrer für den Berufsalltag gefunden.

ZamyatSeminare
Kreativ-Training & Coaching

Logo

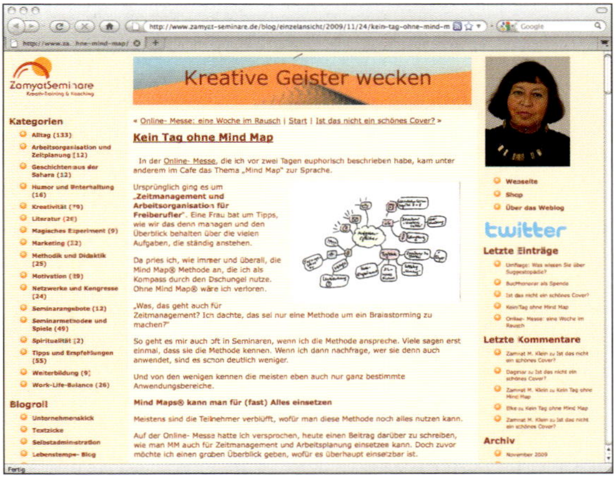

Blogseite aus www.zamyat-seminare.de

Flyer für Verlage

Das Design der Trainerin und Buchautorin Zamyat M. Klein spiegelt die Orient- und Wüsten-Affinität der Solo-Unternehmerin wider. Die kraftvollen Farben passen hervorragend zur Persönlichkeit der Expertin für Kreativ-Trainings. Auch einige ihrer zahlreichen Bücher nehmen im Titel und im Coverbild Bezug zu ihrer Orient-Leidenschaft – zum Beispiel der Band „Kreative Geister wecken" mit Aladins Wunderlampe auf dem Cover und Palmen neben den Seitenzahlen im Buch oder „Das tanzende Kamel". Auf ihrem Blog verrät sie immer wieder neue Seminarmethoden und Kreativitätstechniken und lässt ihre Interessenten auch an ihrer Arbeit teilhaben. Etwas Besonderes hat sie sich für einen Flyer ausgedacht: Auf der Titelseite gibt es ein kleines Fenster, hinter dem sich echter Saharasand befindet, der sich hin und her schütteln lässt.

Unternehmen: ZamyatSeminare, Zamyat M. Klein, www.zamyat-seminare.de
Design: Mediale Grafik und Beratung, Imke Simons, www.limarys.de

VI Der Corporate-Identity-Prozess

Wer einmal angefangen hat, sich mit CI zu beschäftigen, wird es meist immer wieder tun. Nicht immer mit der gleichen Intensität wie vielleicht in der Anfangsphase. Der Ansatz ist dazu gedacht, dass auf lange Sicht am eigenen Unternehmen gearbeitet wird. Eine CI mit all ihren Bestandteilen ist nichts Statisches, sie entwickelt sich weiter und bedarf in Abständen von einigen Monaten oder Jahren der Überprüfung. Dem Check-up können korrigierende Maßnahmen folgen.

Bei der bewussten Steuerung Ihrer Corporate Identity durchlaufen Sie verschiedene Phasen:

- Sie entdecken und entwickeln Ihre CI
- Sie halten Ihre angestrebte Identität im Leitbild schriftlich fest
- Sie nutzen Ihr Leitbild als Richtschnur für Ihr gesamtes internes und externes Auftreten
- Sie werten die Ergebnisse Ihrer Kommunikation aus und überarbeiten Ihre CI wenn nötig

Corporate Identity steuern – der Prozess — Leitfaden

So steuern Sie Ihre Corporate Identity in vier Schritten:

1. Machen Sie sich die bestehende Situation bewusst (aktuelle Identität)
2. Entwickeln Sie ein Leitbild (angestrebte Identität)
3. Sorgen Sie für einen widerspruchsfreien Auftritt, mithilfe der Instrumente CD, CB und CC
4. Überprüfen Sie Ihre Außenwirkung und korrigieren Sie wenn nötig Ihre Materialien und Aktionen

So können Sie den Prozess auf den Weg bringen:

- Stellen Sie Fragebögen zusammen und beantworten Sie sie
- Führen Sie einen Leitbild-Workshop durch und benennen Sie einen Moderator
- Delegieren Sie die Umsetzung und Überprüfung von Maßnahmen

Je größer Ihr kleines Unternehmen, desto aufwändiger wird der CI-Prozess. Wenn Sie ein Solo-Unternehmen führen, gehen Sie die Schritte allein oder mit einem Berater durch. Wenn Sie Mitarbeiter haben, beziehen Sie alle oder ausgewählte Mitarbeiter ein. Zum Beispiel kann ein Unternehmen mit 40 Mitarbeitern ein Team von acht Mitarbeitern für den CI-Prozess zusammenstellen. Wichtig ist, dass sich alle Abteilungen oder Ebenen im CI-Team widerspiegeln.

Vor allem bei der Umsetzung von Maßnahmen wie Medienarbeit, Website-Relaunch etc. werden Sie sich wahrscheinlich Unterstützung von außen verschaffen. Sorgen Sie dafür, dass Sie sich vorher über Ihre Corporate Identity klar geworden sind oder verschaffen Sie sich in einem Positionierungs- oder CI-Workshop Klarheit darüber. Nur wer seine CI kennt, kann externe Geschäftspartner darüber informieren, wie das Unternehmen nach außen dargestellt werden soll. Sie müssen ein klares Briefing abgeben, wenn Sie zum Beispiel die Entwicklung oder das Redesign Ihres Logos oder Ihrer gesamten Materialien in Auftrag geben. Selbstverständlich können Sie vom Grafiker kreativen Input erwarten, aber die Botschaft, die Ihr Logo vermitteln soll, geben Sie vor.

An dieser Stelle möchte ich noch einmal klarstellen, dass sich viele Unternehmen Gedanken über ihre Identität und ihr gewünschtes Image machen, ohne das als Corporate-Identity-Management zu bezeichnen. Das ist völlig in Ordnung. Wichtig ist doch nur, dass Sie sich als Inhaber eines kleinen Unternehmens die Zeit nehmen, sich systematisch mit Ihrem Unternehmen zu befassen. Corporate-Identity-Management liefert dafür einen sehr guten Rahmen.

Sie erhalten im Checklisten-Kasten rechts oben einige Fragen, die sich zur Bestandsaufnahme der bestehenden Situation eignen.

So läuft der Corporate-Identity-Prozess in der Regel ab: Am Anfang steht die Bestandsaufnahme – anschließend formulieren Sie im Leitbild Ihr angestrebtes Verhalten. Dazu möchte ich Ihnen noch eine persönliche Empfehlung geben. Bitte denken Sie nicht zu lange darüber nach, was derzeit vielleicht nicht so gut läuft in Ihrem Unternehmen. Benennen Sie alle Punkte, die Sie in Zukunft verbessern möchten, aber bleiben Sie hier nicht stehen. Nutzen Sie recht bald die Fragen zum Leitbild, wie sie im Kapitel II formuliert sind. Nach vorne zu blicken – „Wie wollen wir uns verhalten?" – ist hilfreicher, als im Blick zurück zu verharren. Viele psychologische Untersuchungen haben gezeigt, dass Menschen schneller Erfolg haben, wenn sie sich auf gewünschte Ergebnisse konzentrieren, statt immer wieder über Probleme zu grübeln. Wenn Sie in einem Leitbild-Workshop im Team über Ihre bestehende und angestrebte Identität diskutieren, besteht die Gefahr, sich allzu lange im Kritisieren von Missständen zu verfangen. Weisen Sie den Moderator des Workshops an, die Diskussion immer wieder auf das zu lenken, was Sie sich für die Zukunft wünschen. So richten Sie sich auf positive Ziele aus.

Fragen zur aktuellen Identität

Checkliste

Wo stehen wir gerade?

- ❑ Wie ist die Geschichte unseres Unternehmens?
- ❑ Was sind unsere Stärken?
- ❑ Was sind unsere Schwächen?
- ❑ Wie stellen wir uns nach außen dar?
- ❑ Wie werden wir wahrgenommen?

Wie gehen Sie mit Ihren Bezugsgruppen um (in der Vergangenheit und Gegenwart)?

- ❑ mit Ihren Mitarbeitern
- ❑ mit Bewerbern
- ❑ mit Ihren Kunden
- ❑ mit Lieferanten
- ❑ mit Kooperationspartnern
- ❑ mit Journalisten
- ❑ ...

Wie gehen Sie mit folgenden Aufgaben um (in der Vergangenheit und Gegenwart)?

- ❑ Führung
- ❑ Hierarchien
- ❑ Weiterbildung
- ❑ Familienfreundlichkeit
- ❑ Beschwerden
- ❑ Garantien
- ❑ Rechnungen
- ❑ Mahnungen
- ❑ Umweltschutz
- ❑ Soziale Verantwortung
- ❑ Gesundheitsschutz
- ❑ Wachstum
- ❑ Investitionen
- ❑ Akquise
- ❑ Entwicklung neuer Leistungen
- ❑ Preisverhandlungen
- ❑ Auswahl der Kunden
- ❑ ...

Das alles muss übrigens nicht lange dauern. Ich empfehle Ihnen vielmehr, für alle Schritte des Prozesses eine begrenzte Zeit festzulegen. Es hängt natürlich vom Einzelfall ab, wie lange Sie brauchen. Wichtig ist einfach, dass Sie ein Zeitlimit setzen. Dann arbeiten Sie zielorientierter. Wenn der Leitbild-Workshop mit Fragebögen gut vorbereitet ist, können Sie ihn zum Beispiel auf 3 x 2 Stunden begrenzen und für das Schreiben und abschließende Diskutieren des Leitbildes noch einmal 6 Stunden ansetzen. Zwischen Workshop und Schreiben sollten einige Tage vergehen.

Da es nicht immer leicht ist, den Bogen vom Bewusstsein der eigenen CI hin zu passenden Maßnahmen zu schlagen, erhalten Sie nachstehend eine Anleitung, mit der Sie ein ganzheitliches Kommunikationskonzept für Ihr Unternehmen entwickeln können.

Gastbeitrag Kristina van Beuningen

Entwickeln Sie ein Konzept für Ihre gesamte Kommunikation

Für dieses Thema konnte ich meine Kollegin Kristina van Beuningen gewinnen, eine sehr engagierte und kreative Kommunikationsberaterin. Kristina van Beuningen hat Romanistik, Marketing und Kommunikation studiert und war mehrere Jahre lang in Verlagen und PR-Agenturen tätig. Heute arbeitet sie freiberuflich als Texterin und Kommunikationsberaterin.

In meinem Beitrag möchte ich Sie zu zwei Schritten ermutigen: Entwickeln Sie ein schriftliches Konzept für Ihre Kommunikation – und stellen Sie Ihr Konzept selbst auf die Beine. Natürlich können Sie es auch mithilfe einer professionellen Agentur anfertigen lassen. Dafür spricht, dass ein externer Blick Ihrem Unternehmen sicher viele Impulse geben kann. Dagegen spricht leider oft das Budget. Denn Sie zahlen für die Konzept-Entwicklung und anschließend gegebenenfalls auch für die Umsetzung der Maßnahmen.

Wenn Sie Ihr Kommunikationskonzept entwickeln, werden Sie viel über Ihre Ziele und Ihr Handeln nachdenken und können Ihr Unternehmen noch einmal gründlich überdenken.

Was ist ein Kommunikationskonzept und wofür ist es gut?

Ein Kommunikationskonzept legt fest, welche Ziele Sie bei der Außendarstellung erreichen wollen und mit welchen Strategien, Botschaften und Maßnahmen Sie das schaffen wollen – immer unter Berücksichtigung Ihrer Corporate Identity. Das Konzept ist ein hervorragendes Steuerungsinstrument. Es unterstützt Sie, Ihr unverwechselbares Gesicht, die Identität Ihres Unternehmens, darzustellen.

Im Konzept werden Strategie und Taktik festgehalten. Sie beantworten darin grundlegende Fragen:

- ❑ Was will ich erreichen? Wie will ich es erreichen? (Strategie)
- ❑ Womit will ich es erreichen? (Taktik)
- ❑ Wann und mit welchem Aufwand will ich es erreichen? (Zeit- und Aktionsplan)

Gehen Sie in drei Schritten vor:

- Analyse
- Strategische Entscheidung
- Umsetzung

Analyse, Strategie und Umsetzung befinden sich in ständiger Interaktion. Die drei Denkabschnitte können innerhalb eines Konzeptionsprozesses mehrmals durchlaufen werden. Wenn Sie ein Konzept erstellen, empfiehlt es sich, zwischen diesen drei Schritten hin- und herzuspringen. Damit überprüfen Sie permanent, ob Ziele, geplante Maßnahmen und Analyse übereinstimmen.

1. Analysieren Sie Ihre Ausgangslage

So können Sie an die Analyse herangehen:

- Aufgabenstellung: Was sind die kommunikativen Probleme?
  Jedes Unternehmen hat zu jeder Zeit ein kommunikatives Hauptproblem. Was ist es bei Ihnen: Sind Sie noch zu unbekannt? Werden Sie im Internet schlecht gefunden? Fordern zu wenig Interessenten ein Kostenangebot an? Hat sich Ihre Identität verändert und entspricht Ihr Image dem noch nicht?
- Kommunikationsziele: Was will ich mit der Kommunikation erreichen?
  Welche Ziele haben Sie bisher verfolgt?
- Zielgruppen: Wen will ich erreichen?
  Mit welchen Zielgruppen haben Sie bisher intensiv/am Rande kommuniziert?
- Maßnahmen: Welche Instrumente setze ich ein?
  Wie und zu welchen Kosten haben Sie bisher Ihre Außendarstellung betrieben?
- Evaluation: Was hat es gebracht?
  Können Sie nachvollziehen, welche Maßnahmen Ihnen am meisten gebracht haben?

Ausgangslage und Faktensammlung

Berücksichtigen Sie bei Ihrer Analyse der aktuellen Situation auch die gesellschaftliche Ebene, sie beinhaltet Recherchen zu Wertewandel-Tendenzen, politischen und wirtschaftlichen Entwicklungen. Mögliche Fragestellungen könnten sein: Wie hat sich das Kaufverhalten der Konsumenten geändert? Vor welchem politischen und wirtschaftlichen Hintergrund? Und vor allem: Wo geht es hin? Welche Trends sind zu beobachten?

Zur Analyse gehören in der Regel auch eine Konkurrenzbeobachtung und Untersuchungen zu Kaufgewohnheit und Kaufkraft sowie Kundenbefragungen. Hier wird nach dem Branchenumfeld gefragt.

Bei der Analyse Ihrer Ausgangslage bemühen Sie sich also um eine wertfreie Betrachtung von Produkt, Unternehmen, Markt und Kommunikationsstatus.

Werten Sie Ihre Analyse anschließend aus.

Sie können sich fragen:

- Was sind derzeit die zentralen kommunikativen Probleme?
- Was soll erreicht werden?
- Wer soll angesprochen werden?
- Wie wird der Kommunikationsprozess gestaltet?

Ich empfehle Ihnen, die Auswertung Ihrer Analyse klar zu strukturieren und zu gliedern. Hier gibt es unterschiedliche Vorgehensweisen: In der SWOT-Analyse beispielsweise werden alle Punkte zusammengetragen, die Stärken, Schwächen, Chancen und Risiken für den Kommunikationsprozess in sich bergen. Eine andere Methode ist das Polaritäten-Profil, auch semantisches Differenzial genannt. Dieses Analyseverfahren splittet das Image einer Person oder eines Produktes auf, wobei für jeden Faktor Gegensatzpaare gebildet werden. Mithilfe dieser Polaritätsbegriffe werden Assoziationen den entsprechenden Subjekten zugeordnet und auf einer Skala bewertet. So können Sie mehr über die Einstellungen, Emotionen und den Kenntnisstand der Befragten in Erfahrung bringen.

2. Fällen Sie strategische Entscheidungen

Strategien sind ein zentrales Bindeglied zwischen den Zielen einerseits und den laufenden Maßnahmen andererseits.

Ziele

Am Anfang einer strategischen Entscheidung steht die Festlegung Ihrer Ziele. Fragen Sie sich: Was möchte ich bei einem bestimmten Problem mithilfe eines Mix aus Kommunikationsmaßnahmen für das Unternehmen erreichen? Wo möchte ich am Schluss stehen?

Es gibt drei Voraussetzungen für eine gelungene Zielsetzung: Ziele müssen präzise, realistisch und messbar sein.

Erstens: Formulieren Sie Ihre Ziele entsprechend präzise! Nur wer genau sagen kann, ob ein Ziel erreicht worden ist, kann den Erfolg oder Misserfolg einer Konzeption begründen. Statt „Bekanntheitsgrad steigern" zu sagen, können Sie dieses Ziel quantitativ festlegen, zum Beispiel: „In den nächsten zwölf Monaten wollen wir uns monatlich bei 50 neuen Personen unserer Zielgruppe vorstellen".

Zweitens: Überprüfen Sie Ihre Ziele auf ihre Durchführbarkeit! Es ist zum Beispiel unrealistisch, zehn Verkaufsgespräche pro Woche führen zu wollen, wenn Sie noch keine Datenbank mit Interessenten aufgebaut haben, die Sie zu solchen Gesprächen einladen können.

Drittens: Prüfen Sie, ob Ihre Ziele messbar sind! Wenn Sie als Ziel formulieren, im nächsten Quartal drei erfolgreiche Vorträge zu halten, können Sie zwar messen, ob Sie tatsächlich drei Vorträge gehalten haben. Aber mit dem Erfolg ist es schon schwieriger. Ein Indikator kann die Teilnehmerzahl sein oder die Resonanz auf einen Feedback-Bogen.

Ziele sind nicht gleichrangig, sondern es empfiehlt sich, sie in Hierarchien zu unterteilen. Nur so behalten Sie bei mehreren verfolgten Zielen eine Ordnung. Sie können Ziele nach kurz-, mittel- und langfristigen Phasen und auch nach ihrer strategischen, taktischen und operativen Bedeutung ordnen.

Strategie

In wenigen einfachen und präzisen Sätzen legen Sie fest, welcher Weg zu den Zielen führt. Wenn Sie bei der Analyse zum Beispiel festgestellt haben, dass Ihr Hauptproblem die Steigerung Ihres Bekanntheitsgrades ist, überlegen Sie sich eine Strategie, mit der Sie dieses Problem in den Griff bekommen. Medienarbeit kann zum Beispiel große Hebelwirkung entfalten und Sie schnell bekannter machen.

Hier geht es noch nicht um einzelne, konkrete Maßnahmen, vielmehr wird die generelle Stoßrichtung der Kommunikationsaktivitäten festgelegt. Sie überlegen, mit welchen Instrumenten – zum Beispiel klassische Anzeigenwerbung, Medienarbeit, Werbebriefe, Online-Marketing, Sponsoring etc. – Sie Ihre Ziele am besten erreichen. Bei den Zielen in einem Kommunikationskonzept geht es meistens um das Schaffen von Aufmerksamkeit, Akzeptanz, Ansehen, Präferenz und Vertrauen. Diese Ziele lassen sich erreichen, indem kommuniziert wird – also ein Dialog mit Zielgruppen geführt wird.

Zielgruppen

Hier stellen Sie dar, welche Gruppen oder Personen angesprochen werden sollen. Je genauer Sie die Personen beschreiben, desto einfacher ist es nachher für Sie, treffsichere Maßnahmen für diese Gruppen zu entwickeln. Bedenken Sie, dass Sie im Kommunikationskonzept nicht nur Ihre Kunden als Zielgruppe berücksichtigen sollten, sondern auch Multiplikatoren wie Journalisten, Kooperationspartner etc.

Da die Bedürfnisse der Menschen unterschiedlich sind, müssen auch die unterschiedlichen Gruppen unterschiedlich angesprochen werden. Eine Zielgruppe, die sich zwar eindeutig definieren lässt, die aber nicht homogen denkt, fühlt und handelt, ist für die strategische Kommunikation nicht brauchbar.

Es gibt viele Systeme, wie Zielgruppen klassifiziert werden können. Die Kennzeichnung werblicher Zielgruppen erfolgt im internationalen Marketing nach soziodemografischen, sozioökonomischen oder psychografischen Kriterien. Mit dieser kollektiven Vereinheitlichung zielen die Werbeschaffenden darauf ab, eine ökonomisch relevante Zielgruppe zu identifizieren und bedürfnisspezifisch anzusprechen. Vorausgesetzt wird die Annahme, dass sich Personen in Bedürfnisgruppen bündeln lassen, die dann auf eine kollektive Ansprache reagieren.

Machen Sie sich intensiv Gedanken über Ihre Zielgruppen: Wer ist mein tatsächlicher Kunde? Wer trifft die Entscheidungen? Die Geschäftsleitung oder die Sekretärin? Der Einkaufsleiter oder der Personalmanager? Besonders effektiv ist es, Multiplikatoren und Meinungsbildner anzusprechen. Sie sind meist Experten in einem Sachgebiet und werden in der Öffentlichkeit als Meinungsbildner in Diskussionen herangezogen. Aufgrund ihres Sachverstandes und ihres Expertenstatus haben diese Personen eine hohe Glaubwürdigkeit und können das Meinungsklima beeinflussen. Dazu zählen zum Beispiel Lehrbeauftragte an Universitäten, Journalisten und Berater.

Botschaften
Mit Ihren Botschaften versuchen Sie zu beeinflussen, was Zielgruppen denken. Das heißt, Sie verankern Ihre Botschaften in den Köpfen Ihrer Zielgruppen. Angenommen, Sie betreiben ein Geschäft für Computer und Zubehör. Ihre Zielgruppe ist sehr breit. Es kommen Menschen in Ihren Laden, die sich kaum mit Computern auskennen, aber auch regelrechte „Computer-Freaks". Ihre generelle Botschaft könnte lauten: „Im Computer-Laden XYZ gibt es nicht nur gute Computer und Zubehör, sondern vor allem gute Beratung". Hinzu kommen zielgruppenspezifische Botschaften. Für den Computer-Laien zum Beispiel: „Im Computer-Laden XYZ wird mir alles leicht verständlich erklärt, ohne dass ich mir dumm vorkomme". Und für den Computer-Profi: „Im Computer-Laden XYZ arbeiten echte Experten, die mir auch kniffelige Fragen beantworten können". Wie bekommen Sie Ihre Zielgruppen dazu, das zu denken? Mit geeigneten Maßnahmen, die Sie in Ihrer Taktik festlegen.

Versuchen Sie, sich genau in Ihre Zielgruppen hineinzudenken. Dann personalisieren Sie diese. Wie könnte die Person heißen, die Sie ansprechen wollen? Wie alt ist sie? Was denkt sie genau über Ihr Angebot? Und nicht zuletzt: Wie würde sie sich ausdrücken? Zum Beispiel: Hat eine Frau, die Hedwig heißt, 64 Jahre alt ist und Hausfrau, andere Bedürfnisse und andere Wünsche an Ihr Unternehmen als Kevin, 16 Jahre alt, Schüler? Wie drückt sich diese Person aus? Formulieren Sie in einfachen Botschaften, was die Zielperson über Ihr Unternehmen, Ihre Aktionen denken soll! So erhöhen Sie die Chancen erheblich, Ihre Zielgruppe wirklich zu erreichen.

3. Umsetzung – Die Taktik

Jetzt geht es um die Aktionen, mit denen Sie Ihre Botschaften nach außen tragen wollen.

Es gehört einige Erfahrung dazu, die für Ihre Ziele am besten geeigneten Kommunikationsmittel auszuwählen. Kalkulieren Sie also Versuch und Irrtum von vornherein mit ein. Es gibt eine Fülle an möglichen Maßnahmen, mit denen Sie mit Ihren Zielgruppen in Dialog treten können: Direkt-Kommunikation, Werbung, Präsentationen, Internetauftritt, Versand von Flyern und Broschüren, Vorträge, Presse- und Öffentlichkeitsarbeit und vieles mehr. Im Kommunikationskonzept legen Sie sich auf die Maßnahmen fest, von denen Sie die höchste Effizienz erwarten. Sie suchen also nach Wegen, mit dem geringstmöglichen Einsatz an Zeit, Ressourcen und Geld Ihre kommunikativen Ziele zu erreichen.

Welche Maßnahmen für Ihr Konzept infrage kommen, hängt natürlich von der Strategie ab, die Sie bisher erarbeitet haben. Die Maßnahmen sollten zu Ihren Zielen und Zielgruppen passen. Überprüfen Sie, ob die Botschaften, die Sie für Ihre Zielgruppen gewählt haben, in den Maßnahmen aufgehen.

Um bei dem Zielgruppen-Paar von oben zu bleiben: Hat Hedwig, 64 Jahre alt, Spaß daran, an einem Online-Gewinnspiel teilzunehmen oder kommt für sie eher der klassische Kontakt via Brief – vielleicht in Form eines Kreuzworträtsels – infrage? Sprechen Sie Kevin, 16 Jahre alt, mit einer Presseinformation oder einem Vortrag an oder lässt er sich von Ihrem Produkt eher bei einer Guerilla-Aktion im Internet überzeugen? Schneiden Sie Ihre Aktionen passgenau auf die Zielgruppen und Ihre eigenen Ziele zu!

Zeit- und Aktionsplan

All Ihre Überlegungen münden letztlich in einen Zeit- und Aktionsplan, in dem Sie für einen bestimmten Zeitraum, meist ein Jahr, auflisten, was Sie mit welchem Ziel für wen durchführen wollen. Hier halten Sie auch Angaben zu den Kosten fest, um einen Überblick über Ihr Budget zu haben. Es hat sich bewährt, einen groben Jahresplan aufzustellen und für die einzelnen Maßnahmen noch einmal detailliertere Pläne. Darin können Sie die einzelnen Arbeitsschritte fixieren. Wer hat wann was zu tun? Der Jahresplan hat den großen Vorteil, dass Sie auf einen Blick sehen, ob Ihre Aktionen gut übers Jahr verteilt sind. Gut in Ihrem Sinne. Wenn Sie ein Unternehmen mit saisonalen Spitzen sind, empfiehlt es sich, auch in der Kommunikation Maßnahmen zu bestimmten Zeiten zu bündeln. Genauso wichtig kann es aber sein, das ganze Jahr über konstant den Kontakt zu Zielgruppen nicht abreißen zu lassen.

Evaluation

Die Evaluation prüft, ob Ihre Maßnahmen Erfolg hatten. Vergleichen Sie die Ergebnisse mit Ihren im Konzept formulierten Zielen. Der Wert dieser Überprüfung ist nicht zu überschätzen. Nur so können Sie schließlich entscheiden, in welche Maßnahmen Sie im nächsten Jahr Zeit, Geld und Energie investieren wollen.

(Gastbeitrag Kristina van Beuningen)

Kontinuierliches Corporate-Identity-Management

All diese Auseinandersetzungen mit Ihrer inneren Haltung, mit Ihren Werten und Ihrer Vision haben sehr bodenständige Ziele:

- Ihr Unternehmen soll bekannt oder bekannter werden
- Ihre Kommunikation soll Nachfrage erzeugen
- Ihre Arbeit soll zu mehr Umsatz und Gewinn führen

Das sind im Allgemeinen auch die Ziele von PR, Promotion, Werbung, Akquise und Marketing. Der Ansatz Corporate Identity fügt Ihren Bemühungen aber einen besonderen Gesichtspunkt hinzu: Die Idee CI wirkt als roter Faden, der Ihnen hilft, all die vielen Einzelmaßnahmen zu einem stimmigen Ganzen zusammenzubinden.

Kontrolle mit der VIVA-Formel

Bei Ihrem kontinuierlichen Corporate-Identity-Management können Sie zum Schnell-Check immer die VIVA-Formel nutzen. Fragen Sie sich bei jeder Maßnahme:

V – Passt sie zu meiner Vision?
I – Stimmt sie mit meiner Identität überein?
V – Steht sie nicht in Kontrast zu meinem Verhalten?
A – Bringt sie meine Außendarstellung voran?

Weil Sie sich über Ihre Corporate Identity im Klaren sind, können Sie alle Aktionen widerspruchsfrei umsetzen, und sie wirken auf Außenstehende und auf Ihre Mitarbeiter glaubwürdig und überzeugend. All das führt in der Regel zu aktiver, kontinuierlicher Akquise. Mit dem Besinnen auf Ihre Vision, Ihre Werte, Ihre innere Haltung und Ihre Ziele haben Sie ein kraftvolles Feld geschaffen, das Ihnen und Ihrem Unternehmen bei allen Höhen und Tiefen zur Seite steht. Lassen Sie sich immer wieder inspirieren und begeistern von Ihrer Corporate Identity. Verbinden Sie sich mit dem Versprechen, das Sie der Welt mit Ihrem Unternehmen geben. Sie werden sehen: Ihre Begeisterung überträgt sich auf andere und bringt Sie Ihrer Vision näher.

Interview mit Dagmar und Michael Lalk vom Online-Shop BauTied

Die Ehe- und Geschäftspartner Dagmar und Michael Lalk betreiben gleich mehrere Unternehmen: Online-Shops wie www.bautied.de *und* www.1a-vermessung.de *sowie einen klassischen Handel mit Baugeräten und Baumaschinen. Die Online-Shops sind sehr benutzerfreundlich, aber auch sehr persönlich. Dagmar Lalk betont: „Wir wollen bewusst kein anonymer Shop sein, wir zeigen auch die Menschen hinter dem Shop und bieten dem Besucher auf jeder Seite an, mit uns per*

Telefon oder auch per E-Mail in Kontakt zu treten, sich beraten zu lassen usw. Mittlerweile kommen über 50 Prozent der Bestellungen durch diesen Kontakt zustande." Hinzu kommt ein Blog: www.bautimeblog.de

Michael Lalk, vier Online-Shops konnte ich zählen. Dazu kommt Ihr normales Geschäft. Wie bekommen Sie die Arbeit im Internet und Ihren klassischen Laden unter einen Hut?
Die Baukrise hat uns 2004 veranlasst, unser Geschäft grundsätzlich zu überdenken, zu straffen, uns auf das zu konzentrieren, was wir wirklich gut beherrschen, vieles anders und nach Möglichkeit alles besser zu machen. Ob wir vieles besser gemacht haben, kann ich schwer sagen, aber zu dem „Andersmachen" gehörte die Idee eines Online-Shops, aus der seit 2004 insgesamt vier Shops geworden sind. Natürlich ist das eine Menge Arbeit, aber wir sind froh und dankbar, viel Arbeit zu haben. Schlimmer wäre es ja umgekehrt. Deshalb beklagen wir uns auch nicht, wenn wir noch abends unsere Arbeiten im Internet machen und Liegengebliebenes aufarbeiten.
Die Arbeit macht uns sehr viel Freude und so sehen wir diese Überstunden nicht als Belastung. Die Erfolge geben uns die Bestätigung, auf dem richtigen Weg zu sein.

Haben Sie eine Vision oder Leitidee, die all Ihren Unternehmungen zu Grunde liegt?
Ich habe einmal in England in einem Vertriebsbüro ein großes Plakat gesehen: „Make your customers happy!". Ein schlichter Slogan, der klar ausdrückt, dass man mit glücklichen Kunden eine Win-win-Beziehung eingeht. Diese Leitidee gilt auch für uns. Das heißt: schnelle Reaktionszeiten, unkomplizierte und großzügige Reklamationsabwicklung sowie gute Erreichbarkeit. Das hat uns viele Stammkunden beschert und auch Empfehlungen. So haben sich viele intensive Kontakte entwickelt; auch außerhalb Deutschlands haben wir bereits Stammkunden, die immer wieder mit uns Kontakt aufnehmen.

Ihren Websites sieht man an, dass Vertrauenswürdigkeit zu Ihren Werten gehört. Das Siegel „Trusted Shops" zeugt zum Beispiel davon. Ist es schwer, das Vertrauen von Interessenten im Internet zu gewinnen?
Ich denke schon. Da haben unseriöse Shops und sicher auch schlechte Erfahrungen mit eBay-Verkäufern bei manchen Kunden eine Rolle gespielt. Die „Trusted Shops"-Lizenz ist sicher eine vertrauensbildende Maßnahme, weil der Kunde, der bei einem „Trusted Shops"-lizenzierten Shop kauft, die verbriefte Sicherheit hat, entweder die Ware oder auch sein Geld zurückerstattet zu bekommen.

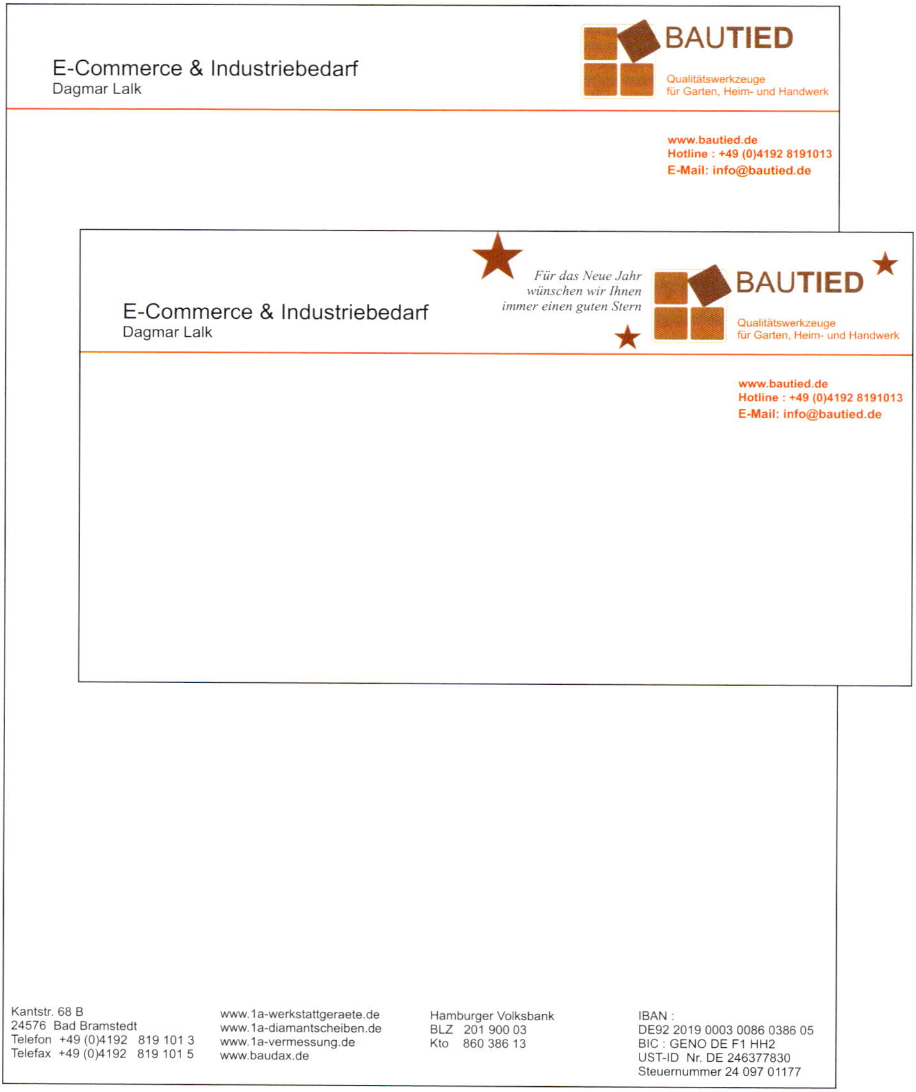
E-Commerce & Industriebedarf
Dagmar Lalk

BAUTIED
Qualitätswerkzeuge
für Garten, Heim- und Handwerk

www.bautied.de
Hotline : +49 (0)4192 8191013
E-Mail: info@bautied.de

E-Commerce & Industriebedarf
Dagmar Lalk

Für das Neue Jahr
wünschen wir Ihnen
immer einen guten Stern

BAUTIED
Qualitätswerkzeuge
für Garten, Heim- und Handwerk

www.bautied.de
Hotline : +49 (0)4192 8191013
E-Mail: info@bautied.de

Kantstr. 68 B
24576 Bad Bramstedt
Telefon +49 (0)4192 819 101 3
Telefax +49 (0)4192 819 101 5

www.1a-werkstattgeraete.de
www.1a-diamantscheiben.de
www.1a-vermessung.de
www.baudax.de

Hamburger Volksbank
BLZ 201 900 03
Kto 860 386 13

IBAN :
DE92 2019 0003 0086 0386 05
BIC : GENO DE F1 HH2
UST-ID Nr. DE 246377830
Steuernummer 24 097 01177

Standard-Briefbogen und jahreszeitliche Variante

BauTied verkauft gute Werkzeuge in Online-Shops, aber legt auch großen Wert auf die persönliche Beratung seiner Kunden. Deshalb wird auf der Startseite der Shops die Möglichkeit zur individuellen Kontaktaufnahme betont.

Unternehmen: BauTied, Dagmar Lalk, www.bautied.de sowie www.1a-vermessung.de
Design: Jutta Kemperle, www.jukemedia.de

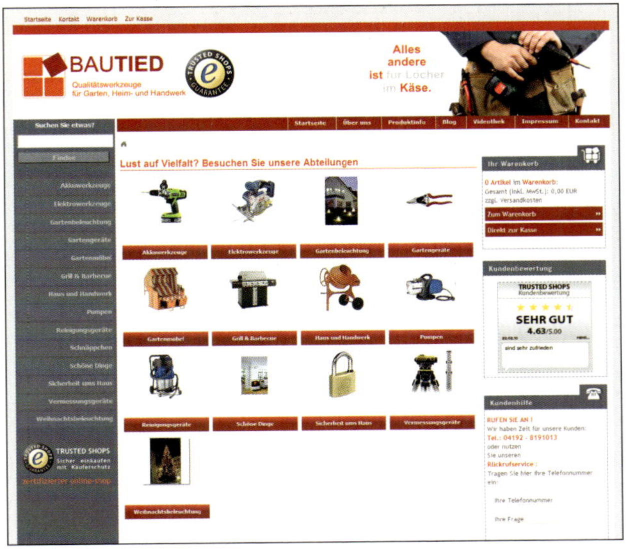

Startseite der Website www.bautied.de

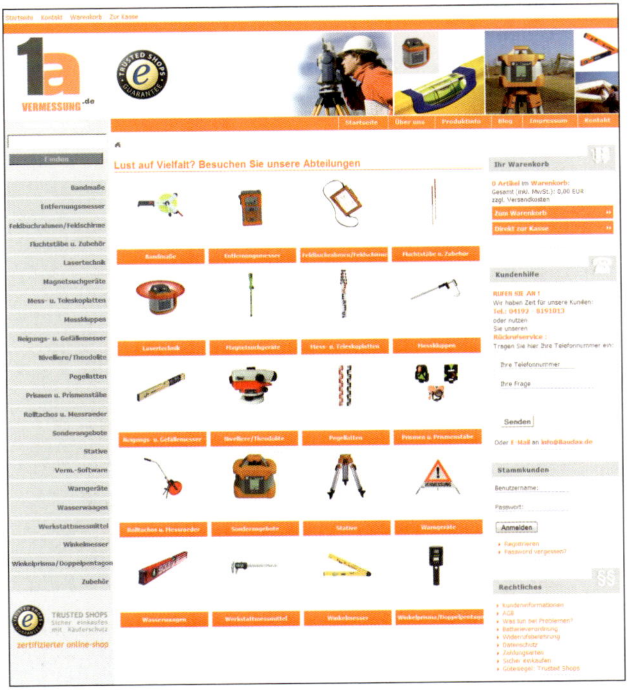

Startseite der Website www.1a-vermessung.de

Aber auch das schon erwähnte Heraustreten aus der Anonymität eines Webshops und unsere Erreichbarkeit spielen sicher eine Rolle. Bis Anfang 2009 haben wir unsere Kunden auch auf Rechnung beliefert. Aufgrund technischer Probleme, die verstärkt aufgetreten sind, mussten wir vom Kauf auf Rechnung Abstand nehmen, sind aber mit Hochdruck dabei, diese Zahlungsform wieder einzuführen. Damit drehen wir den Spieß um, wir vertrauen dem Kunden, dass er auch bezahlt, wenn er die Ware ordnungsgemäß erhalten hat.

Sie betreiben auch einen Blog. Recht ungewöhnlich für einen Werkzeug-Händler. Wie kamen Sie dazu und wie oft schreiben Sie darin?
Die Idee, die im Jahr 2006 dahintersteckte, war eigentlich nur, Beiträge über Produkte zu schreiben, damit die Suchmaschinen uns besser und schneller finden. Das habe ich eine ganze Zeit gemacht, ein wenig flapsig, weil ich dachte, das liest doch kein Mensch. Ich habe dann ein Statistik-Tool eingebaut und mich furchtbar erschrocken, als ich sah, dass doch viele Leser die Seiten aufgerufen hatten. Ich habe dann angefangen, die Beiträge seriöser zu schreiben. Natürlich ist der Hauptgedanke immer noch das Auffinden durch Suchmaschinen, aber genauso wichtig ist mittlerweile auch, dass das Bautime-Blog Neuigkeiten und Sonderangebote vorstellt. Auch erzählen wir zwischendurch immer etwas über uns und unseren Alltag. Natürlich fehlt auch oft die Zeit, einen Beitrag zu schreiben, aber drei bis vier Beiträge pro Woche sind schon das Ziel.

(Interview mit Dagmar und Michael Lalk)

Anhang

Adressen

Immer wieder werde ich nach Dienstleistern gefragt, die Bereiche rund um die Unternehmenskommunikation abdecken. Daher nenne ich im Folgenden einige Ansprechpartner, an die Sie sich wenden können. Mit einigen habe ich bereits sehr erfolgreich zusammengearbeitet. Andere habe ich erst kürzlich kennen gelernt.

Alle hier aufgeführten Unternehmen sind bereit und in der Lage, speziell kleine Unternehmen gut zu bedienen. Ich habe meine Kooperationspartner sorgfältig ausgewählt. Dennoch kann ich für die Qualität ihrer Arbeit keine Garantie übernehmen – für meine eigene natürlich sehr wohl.

Grafik

Kommunikatives Design
Diplom-Designerin
Antje Hartung
Eichholzstrasse 27
D-16547 Birkenwerder
Telefon +49/(0)33 03/40 88 28
hartung@antjehartung.de
www.antjehartung.de
– *Print- und Webdesign, Corporate Design*

fjorden design & konzeption
Diplom-Designerin
Ulrike Linkenheil
Borselstraße 18
D-22765 Hamburg
Telefon +49/(0)40/39 10 63 34
info@fjorden.de
www.fjorden.de
– *Print- und Webdesign, Corporate Design*

konzept und gestaltung
Diplom-Designerin
Susanne P. Radtke
Kasernstraße 66
D-89231 Neu-Ulm
Telefon +49/(0)172/385 59 43
radtke@konzept-gestaltung.de
www.konzept-gestaltung.de
– *Basis-Materialien fürs Corporate Design, Logo-Entwicklung*

Programmierung

subetha design
Christian Schloh
Elbestraße 35
D-12045 Berlin
Telefon +49/(0)30/62 73 27 51
kontakt@subetha-design.de
www.subetha-design.de
– *Statische und dynamische Websites; kleinere Online-Shops und Datenbanken*

Die WEB-Architektin
Bettina Ramm
Birkenweg 10
D 16321 Rüdnitz
Telefon +49/(0)33 38/75 97 75,
Mobil 0163/176 175 0
b.ramm@die-web-architektin.de
www.die-web-architektin.de
– *Maßgeschneiderte CMS-Programmierung*

Jingho
Gido Carper
Erdmannstrasse 16
D-22765 Hamburg
Telefon +49/(0)175/602 1227
gido.carper@jingho.de
http://www.jingho.de
– *Statische und dynamische Websites*

Audio / Podcasts

audio:beiträge
Brigitte Hagedorn
Franz-Mehring-Platz 1
D-10243 Berlin
Telefon +49 / (0)30 / 29 78 37 19
info@audiobeitraege.de
www. audiobeitraege.de
- *Workshops und Beratung zu Audiobeiträgen auf CD und im Internet*

Fotografie

Fotoportrait
Jérôme Gravenstein
Telefon +49 / (0)69 / 62 62 20
info@fotoportrait.de
www.fotoportrait.de
- *Mietstudios im Raum Frankfurt und bundesweit, Preisträger AGFA European Portrait Award*

Barlo Fotografik
Tobias Schneider
Störstraße 13 A
D-14167 Berlin
Telefon +49 / (0)30 / 41 76 95 59
hallo@barlofotografik.de
www.barlofotografik.de
- *Architektur- & Objektfotografie, Werbung, Reportage, Produktfotografie*

Fotografie
Bernhardt Link
Grüntaler Straße 14
D-13357 Berlin
Telefon +49 / (0)30 / 382 60 75
mail@link-foto.de
www.link-foto.de
- *Portraits, Architektur, Events*

Film

Kent Prince & Young AG
Filmproduktion
Heiner Etzler
Hintsberg 9
D-85643 Steinhöring
Telefon +49 / (0)8094 / 90 70 00
office@kpy.de
www.kpy.de
- *Image-Filme, Video-Portraits, Video-Referenzen*

Telefonakquise

Art of Sales
Claudia Dietl
Pflegerstraße 48
D-81247 München
Telefon +49 / (0)89 / 814 43 50
info@art-of-sales.de
www.art-of-sales.de
- *Telefonakquise (ab 50 Adressen), Vertriebscoaching und -training*

Medienarbeit

DOT.COM PR
Anna Hansen
Wiesenerstraße 35
D-12101 Berlin
Telefon +49 /(0)30 / 76 80 38 71
info@dot-com-pr.de
www.dot-com-pr.de
- *Presse- und Öffentlichkeitsarbeit*

Übersetzungen / Lektorat

Compas Übersetzungen GmbH
Britta Metzing
Neue Grünstraße 38
D-10179 Berlin
Telefon +49 / (0)30 / 68 23 72 20
email@compas-uebersetzungen.de
www.compas-uebersetzungen.de
- *Übersetzungen (Englisch, Französisch, Italienisch, Spanisch), Lektorat, Korrektorat*

Beratung

Ganzheitliche Farb- und Stilberatung
Monika Färber
Am Katzenbuckel 11
D-86842 Türkheim
Telefon +49 / (0)8245 / 98 89 21
zeig@deine-art.com
http://www.deine-art.com
- *Farb- und Stilberatung*

Schaub Factory
Reinhard Schaub
Aquinostrasse 15
D-50670 Köln
Telefon +49 / (0)221 / 972 50 33
info@schaub-factory.de
www.schaub-factory.de
- *Allgemeine Technik-Beratung, Audio-Anwendungen, Workflow-Optimierung*

Coaching

CoachConsulting for Growth, Transition and Transformation
Monika Birkner
Grethenweg 145
D-60598 Frankfurt
Telefon +49/(0)69/94 41 41 95
mailto@monika-birkner.de
http://www.monika-birkner.de
- *Geschäftsmodell- und Strategie-Coaching für kleine Unternehmen*

Marktforschung

Altmann Markenberatung
Diplom Psychologin
Susanne Altmann
Zimmererstr. 28i
D-86153 Augsburg
Telefon +49/(0)821/567 69 03
s.altmann@altmann-markenberatung.de
www.altmann-markenberatung.de
- *Marktforschung für kleine Unternehmen, Zielgruppenforschung*

Stimmtraining

Vocal Coach
Birgitta Maria Schaub
Aquinostrasse 15
D-50670 Köln
Telefon +49 (0)221/72 98 53
info@der-stimmige-auftritt.com
www.der-stimmige-auftritt.com
- *Training der Sprechstimme*

Text, Konzept, strategische Beratung

Für die Bereiche Text-Erstellung, Text-Coaching, Text- und Konzeptentwicklung für Websites, Broschüren etc. sowie für Rat und Tat rund um Ihre Werbe- und Akquise-Strategie stehe ich Ihnen gerne persönlich zur Verfügung.

Annja Weinberger Communications
Annja Weinberger
Ilsestraße 23
D-12051 Berlin
Telefon +49/(0)30/45 03 10 35
info@annjaweinberger.eu
www.annjaweinberger.eu
www.viva-akquise.de

Literatur

Babel, Florian/Kiessling, Waldemar: Corporate Identity: Strategie nachhaltiger Unternehmensführung, 2007
Birkigt, Klaus/Stadler, Marinus M./Funck, Hans Joachim: Corporate Identity, Grundlagen, Funktionen, Fallbeispiele, 2002
Birkner, Monika: Wachstumschancen für Solo- und Kleinunternehmer, 2008
Böhmer-Bauer, Kundri/Habeck, Perdita: Firmendesign mit kleinem Budget, 2006
Dietl, Claudia: Und es geht doch: Ethisch handeln – erfolgreich verkaufen, 2010
Gerber, Michael: The E-Myth Revisited, 1995
Gumpenberger, Harald: Die Bedeutung einer Corporate Identity in Klein- und Mittelbetrieben, 2001
Hall, Stacey/Stringer, Jan: Das Leuchtturm-Prinzip, 2006
Hein, Doreen: Corporate Identity für kleine Unternehmen, 2006
Herbst, Dieter: Corporate Identity: Aufbau einer einzigartigen Unternehmensidentität, 2009
Herbst, Dieter: Public Relations, 2007
Koschembar, Frank: Grafik für Nicht-Grafiker, 2008
Kotler, Philip/Bühler, Maria: Philip Kotlers Marketing-Guide, 2004
Meyer, Jens-Uwe: Kreative PR, 2007
Paulmann, Robert: double loop – Basiswissen Corporate Identity, 2005
Reins, Armin: Corporate Language. Wie Sprache über Erfolg und Misserfolg von Marken und Unternehmen entscheidet, 2006
Regenthal, Gerhard: Identität & Image, Praxishilfen für den Umgang mit Corporate Identity, 2002 (CI am Beispiel einer Schule)

Röthlingshöfer, Bernd: Werbung mit kleinem Budget, 2008
Runk, Claudia: Grundkurs Typographie und Layout, 2006
Schulz von Thun, Friedemann: Miteinander reden 1, 2, 3, 2005
Weinberger, Annja: Flyer optimal texten, gestalten, produzieren, 2008
http://www.ci-portal.de – Herausgeber: Prof. Robert Paulmann, Fachhochschule Mainz
http://www.ifm-bonn.org – Statistische Angaben über kleine und mittlere Unternehmen
www.werteanalyse.de – Kartenset mit 400 Wertebegriffen

Die Autorin – Annja Weinberger

Mit meinem Unternehmen **Annja Weinberger Communications** helfe ich Unternehmen und Organisationen, sich klarzumachen, was sie erreichen wollen, was sie sagen wollen und wie sie es in Worten und Taten überzeugend zum Ausdruck bringen können. Ziel ist, mit glaubwürdigen und kraftvollen Marketing-Texten und Akquise-Aktionen die Auftragslage deutlich zu verbessern beziehungsweise das Angebot besser zu vermarkten. Ich setze dabei auf Authentische Kommunikation, die zur Corporate Identity meiner Auftraggeber passt und ebenso zu ihren Kunden, Mitarbeitern und ihren anderen Bezugsgruppen.

Zu meiner Person
Seit mehr als 20 Jahren bin ich in Journalismus, Werbung und PR tätig. Meine Schwerpunkte sind Text, Konzeption und Strategische Beratung. Im Laufe der Jahre sind viele Broschüren, Flyer, Websites, Werbebriefe und Corporate-Communications-Konzepte entstanden. Zum Beispiel für Sony Berlin, die Berliner Universität der Künste und die Hamburg Münchener Krankenkasse, aber auch für viele kleine Unternehmen und Organisationen. Ich freue mich sehr über Feedback zu diesem Buch. Schreiben Sie mir! Ihre Erfahrungen mit dem Corporate-Identity-Prozess, Ihre Anregungen und Fragen sind herzlich willkommen. Sie finden mich im Internet unter www.annjaweinberger.eu und erreichen mich per E-Mail über info@annjaweinberger.eu

VIVA-Akquise-Programm
Aufbauend auf diesem Buch habe ich – speziell für Solo-Selbstständige, kleine Unternehmen und Organisationen – das „VIVA-Akquise-Programm" entwickelt. Darin erhalten die Teilnehmer in sieben Etappen eine Schritt-für-Schritt-Anleitung zur systematischen Akquise. Das Programm nutzt die VIVA-Formel als Richtschnur beim Entwickeln von wirksamen Werbetexten und Akquise-Maßnahmen. Nähere Informationen unter www.viva-akquise.de

Lesen Sie auch mein 24-seitiges, kostenfreies E-Booklet: „So finden Sie Ihre Position am Markt".
Um den Ratgeber anzufordern, tragen Sie sich bitte in meine E-Mail-Liste ein – Sie erhalten meinen monatlichen Gratis-Newsletter „Der Textletter" mit Tipps für glaubwürdige Marketing-Texte automatisch dazu: www.annjaweinberger.eu/newsletter

Annja Weinberger Communications
Agentur für Authentische Kommunikation
Annja Weinberger (M. A.)